童话 著

人民邮电出版社
北 京

图书在版编目（CIP）数据

玩大的博物馆 ： 童年玩具进化史 / 童话著.

北京 ： 人民邮电出版社，2024． -- ISBN 978-7-115

-65386-4

Ⅰ．TS958

中国国家版本馆 CIP 数据核字第 2024GT1574 号

内 容 提 要

小时候，很多人都有收藏模型玩具的习惯，每类模型玩具都有着一段有趣的历史和不为人知的发展过程。你想知道这些玩具背后都有哪些有趣的故事吗？翻开本书，你将踏入模型玩具的精彩世界！

本书按主题分类，包括"变形金刚！直到万众一心""美国队长之死！梦的开始""忍者神龟！这个来自下水道的秘密""冲啊！我们的四驱岁月"……每个主题都包含了丰富的模型玩具图片和文字，向读者们展示大众所熟知的各类模型玩具，以及有关玩具的各种趣事。

本书图文并茂，生动有趣，适合广大模型玩具爱好者阅读与收藏。

◆ 著　　　童　话

责任编辑　闫　妍

责任印制　周昇亮

◆ 人民邮电出版社出版发行　北京市丰台区成寿寺路 11 号

邮编　100164　电子邮件　315@ptpress.com.cn

网址　https://www.ptpress.com.cn

北京宝隆世纪印刷有限公司印刷

◆ 开本：787×1092　1/16

印张：22　　　　　　　　　2024 年 12 月第 1 版

字数：317 千字　　　　　　2025 年 2 月北京第 4 次印刷

定价：168.00 元

读者服务热线：**(010)81055296**　印装质量热线：**(010)81055316**

反盗版热线：**(010)81055315**

前言

PREFACE

"我是童馆长"

"哟！欢迎来到玩大的博物馆！我是童馆长。"

这是我们的视频节目每次开场时必说的三句话。第一句"哟！"很提气，给人一种很潮、很年轻的感觉，挺好！第二句中"玩大的博物馆"是我起的名字，《玩大的》是我曾参与制作的一部微电影的名字，主题就是游戏的怀旧情结。玩具亦是如此，睹物思情、盘物养心、览物知世，后缀"博物馆"非常合适，我很

满意。第三句"我是童馆长"，这句我就不那么喜欢了，每次都说得最快最小声。

我叫童话，"馆长"是观众粉丝们叫起来的，我更喜欢"童老师"或者"童老板"这些称呼。"童老师"显得有文化，"童老板"显得有财富，而"童馆长"显得有点老。

2021年夏天，我有幸被央视记者采访过一次，记者的第一个问题就是为什么会想到做这样一个关于老

玩具的节目？我当时的回答慷慨激昂，振振有词，简单概述就是："我要不做就没人做了！"记者听后眼圈都红了。当然，走上这条路，也因为当时我比较闲，有时间和精力专注于此。

我一个"80后"，在互联网公司工作，身体虽然很忙，但内心很闲。我的爱好众多，浑身是胆，总想找到一条出路，成就一些事儿，不敢说事业。那时候我没想过辞职，相信

很多人和我一样，总想找一个愿意为之奋斗一生的事去做，于是挑三拣四，思来想去，至今仍旧未果。而我不同，我的生命中遇到了一个胖子——Aka黑泡，看过馆长早期节目的人一定对"人类的好朋友，馆长的好坐骑"——Aka黑泡非常熟悉，他和我有两个相同的爱好：一是收藏玩具，二是喝瑟。我俩一拍即合，决定在互联网平台上做一档不知天高地厚的节目。那天，我们聊得很开心，颇有后半生肝胆相照的感觉，我们一定要让回忆中经典作品中的经典玩具收藏重回人间！

回来上网一看，傻眼了，在ACG文化重阵B站（bilibili视频网）上根本没有我们畅想的同类节目。活下来的模玩类节目全部都是新品评测、开箱试玩这类功能型的视频，貌似没有人对玩具文化感兴趣，"大数据不会错"，黑泡说道。那天，黑泡工作得很卖力！

我又去问了几个哥们儿的意见，他们都回答得非常中肯，一致认为模玩内容在当今本是小众，过时的模玩更是小众中的小众，在看流量的年代做这个，没戏！那段时间，我晚上躺在床上也不刷手机了，就想这个事儿，翻来覆去睡不着觉，每次都是先从童年开始想起。

"提起童年，我可就不困了！"

我生于1982年，出生在长春，父亲是上海人，户口和家人都在上海，几乎每年寒暑假都会回上海度假探亲。在我儿时，动画、游戏、玩具这些当年的ACG舶来品并不多见，尤其是玩具，品种不仅不多，还时常伴随着让人买不起的价格。越得不到的东西越想拥有，这使得我对儿时的玩具、图书、游戏都非常向往。更可恨的是，我每年都会回上海这个海纳百川的城市，"眼不见，心不烦"就算了，而这里却有最新的动画，南京路第一百货公司大楼的六楼有最全的玩具，还让年幼的我这么有"见识"，从小就见证了南北玩具文化的不同。值得庆幸的是，我爸的亲戚朋友多，好不容易回一次上海，他们怎么能让孩子空手回去呢？呵呵呵。所以每年我来上海"进货"，回去就是全院的C位！这也让玩具成了我更加美好的回忆。但是人总是贪心的，第一百货公司大楼的六楼是搬不空的，那些五彩斑斓的梦我记得十分清楚，里面的"人"都给我等着，将来别被我逮到！

现代成年人收藏玩具的原因大致分3种。
1.喜欢某个人物，买一个摆件。
2.看好玩具市场，收几个捣鼓捣鼓。
3.报复性消费，我全都要！

我开始"报复性消费"大概是在2004年，大学快毕业的时候，我在长乐路逛街，在一家模型店中看到了回忆中的G1变形金刚、特种部队这些儿时买不起的玩具，当时根本想不通，儿童玩具怎么会这么贵？经过了一些心理建设之后，我便开始大踏步地"入坑"了。在那个年代，一个刚大学毕业的成年人收藏玩具会有很多啼笑皆非的故事，其中一些酸甜苦辣、江湖义气、心路历程，我们会在本书中看到。总之，那些夜晚我每每想到这里，就睡着了。

于是，2018年的一天，我动员了黑泡和几个哥们儿，我们用爱"发电"，我们的节目先不考虑流量，不考虑商业价值，只要能把人们对这些经典玩具的回忆留在网络平台被后人看到就行了。我的动员能力确实强，大家都被我"忽悠"了，几个兴趣相投的哥们儿入伙了！我们决定节目的第一期就用当时最火的漫威复联英雄！那天中午，我们点的外卖是鲍鱼捞饭，是外卖中的奢侈品，可见我们下了多大的决心。其中吃得最香的那个，叫伟哥。

"我不能没有伟哥，就像生活不能没有玩具！"

伟哥叫毛伟栋，是一个酷爱车模（汽车模型）又热爱钻研老货的上海人，是在《玩大的博物馆》节目制作中唯一陪我走到最后的男人，也是本书的内容提供者之一，他负责老资料的查询与收集，虽然并没有执笔，但没有他的协助，就不会有这本书，更不会有《玩大的博物馆》中丰富的玩具历史知识。

大家可能不知道，网上随处可查的各类老玩具历史大部分都是人传人。当今潮玩市场的火热催生了一批网络"大咖"出来给大家普及知识，其中不少人从自己造谣到自己信谣，让看穿的老迷友很无奈。其实很多20世纪七八十年代的玩具背景很难在网络上找到准确可靠的信息，很多冷门的专业的内容需要先从海外购买到当年的报纸、杂志或图书文献，再翻译对比。这里幸亏伟哥的夫人精通日语和当地文化，帮了我们的大忙，这里要真诚地感谢嫂子！光有信息还不够，眼见为实，所以我们想尽办法从海外或收藏牛人的手中买到当时的模玩，为了让观众们更清晰地感受不同时代的玩具特征，并由此找寻回忆或探索未知，不管多么远古的收藏，我们一定要在镜头前拆包组装，这会使玩具丧失巨大的市场价值，所以只能买，不能借。我经常是从倾家荡产到"荡气回肠"，如果是为了玩儿，那实在太败家了，但是能让几十万迷友看到，那意义就太重大了！太值了！所以，在经过两年的"垂死挣扎"后，我们终于被大家接受了。我们感受到了很多迷友的热情，他们纷纷在弹幕上打出"馆长厉害"，在评论中写出上百字关于自己儿时的回忆。虽然我们的流量在这个流量为王的时代不算大，但我知道，我们成功了！

2021年年初，伟哥陪馆长离职下岗，走上了职业up主的道路，这时我们在B站上拥有40万关注用户，基本还是要靠接广告活着，但至少我们能全心全意地探索玩具的世界了。这时心里难免动荡，多亏了家人的支持与理解，我的儿子Aka"熊大"多次做客我的节目，有一次他居然说如果哪天我不在了，他会继承我的工作，把博物馆继续做下去，当时我听了非常感动，浑身是劲儿，后来想想可能是这小子贪图我的宝贝吧。就在最忙的创业初期，出版社向我抛出了橄榄枝。

每个人都是玩大的！

编辑老师看了我们的节目后，认为做这样的事很有意义，模玩文化很有出版价值，于是向我约稿出书。

我跟伟哥就出书的事儿商量了很久，一个是现在我们的视频制作工作太忙了，如果写书，每天要少睡3小时，能不能坚持得下来？再一个是现在还会有多少人通过阅读来回忆过去探索玩具的世界？最终，我们还是毅然决然地答应了出版社的合作邀请，甚至都没细问回报。因为这和我们刚开始做视频节目的初衷太像了，太有意义了，我们不就是为了把即将消失的回忆"留下来"吗？

经过再三思考，我决定这本书的定位要低于严肃科普、高于大众娱乐，从我的视角和回忆出发，带读者进入一个似曾相识又相隔甚远的玩具世界，去看各个时代的玩具，去看各个IP的玩具，去看各个国家的玩具。因为这些玩具代表了不同时代的工艺、审美和回忆。也许我说得不好，但愿你看得过瘾。

常有钻牛角尖的观众问我，玩具到底怎么分类？这能说上一天，因为随着时间的推移，每隔5~7年，玩具种类的叫法、品种都会有巨大的变化。但其实又很简单，玩具是商品，怎么分类你去看垂类或购物网站就好。观众又问："那么兵人和娃娃是怎么区分的？它们都是大通素体加以头雕和服装配件的形式，为什么要区分开呢？"这更简单，因为20世纪60年代的商场需要更高效地满足用户购买需求，所以分了男童柜台和女童柜台，男童柜台上的就叫兵人，女童柜台上的就叫娃娃，没有你想得那么复杂。其实有些问题的答案非常简单，每个人有每个人不同的看法、不同的情愫。一个完整的玩具就像一本书，每个人从它身上可以读到各种信息、各种回忆，因为，每个人都是玩大的！

感谢一路上帮助我的朋友，他们很多人都会在书中出现，他们和你们让一个守着博物馆的"老头"并不孤单，而这个"老头"也并没有一个真正的博物馆。这个博物馆其实就在你的心里，那么，赶紧开启这次玩具的旅程吧，一个戴着墨镜的大胡子"老头"正在门口等着你呢！

哟！欢迎来到玩大的博物馆！我是童馆长！今天的节目，开始了！

目录
CONTENTS

01

变形金刚！直到万众一心

我并不是变形金刚收藏圈的大咖，国内变形金刚的收藏高手大有人在，这里我只浅谈谈自己一路的经历，见证岁月的变迁。而回顾一路的经历就不得不先提到我的父亲，一位不善言谈的硬汉！他大半辈子没和我说过几句让我印象深刻的话，但在1988年，他的一句话比任何名言都更触动我。

"走，回家！我给你买了变形金刚！"

变形金刚在国内全年龄段几乎尽人皆知，而且每一代人都有每一代人的回忆，这要归功于孩之宝团队40年来的运营，也要归功于大的时代背景。我最初的回忆在20世纪80年代末90年代初，这段想要又得不到的失落且刻骨铭心的回忆是我成为玩具收藏者的原因之一，今天就跟随馆长的回忆来一场跨越时空的旅行！

▲ 这不是我，是我的儿子熊大，那年他4岁，正享受着一般孩子享受不到的快乐。用这张照片开篇，是希望读者都能怀抱童心，热烈地迎接变形金刚带给你的精彩回忆。

玩具爱好者大致分三种类型，一种是喜欢某个IP形象，买一个模型摆在桌上"睹物思情"，也彰显自己的品位。那种桌上摆龙珠、摆高达的人往往都比较好相处，送礼物非常容易投其所好！另一种是有收藏癖好，必须收齐一个系列的人物，他们对玩具品相有着极高的要求，有的甚至买了连包装也不拆。你别笑，这样的人在Hobby圈子里有很多。遇到这样的朋友你都不知道送他啥，不知道他缺的是哪一款。

而我属于第三种——"童年报复消费型"，就是儿时喜欢的东西得不到，长大了落下"病"了，只能通过疯狂的购买来寻回失去的童年。这一类现在越来越少了，因为随着时代的发展和生活的富裕，现代的年轻朋友儿时与成年相比经济水平差距并不太大。所以第三种人算是小众，而这小众的一批人却是由"80后"整整一代撑起的，因为时代发展得太快，儿时与成年感觉像生活在两个世界，这种感受可能只有20世纪70年代末到90年代初出生的这

一代人才有体会，所以这些人还起童年债都异常热情，尤其是遇到变形金刚！在我看来，变形金刚从兴起至今40年，一共经历了三个辉煌时期，我们先穿越到光出发的那一刻！

G1时代

G1就是Generation1，即第一代变形金刚，最早用来特指1984—1990年的变形金刚玩具，但在我们国家，它们的出现要比海外晚一些。20世纪80年代末，孩之宝的变形金刚正式进入中国市场，我的老家在吉林省长春市，一个ACG舶来品文化发展很慢的地方，在动画还没有在地方台放送的时候，已经有各种关于变形金刚的传说了，撑起这些传说的是各种图画书和音像制品。我的父亲在出版社工作，所以很多"好货"都是从他那儿搞到的。

车如何变成一个机器人，一个机器人又如何变成飞机，看得如痴如醉。幼小的我连动画片中人物的名字都记不清，却已经能凭颜色与造型认识每一个人物了。当大力神第一次在屏幕前完成合体，那便是童年的第一次高潮！那时，我多想拥有一个变形金刚啊！

▲ 这套由少年儿童出版社出版的广播剧磁带，馆长儿时听得都快背下来了，不知道有没有迷友也有同样的收藏。虽然现在年轻的朋友可能都没见过这种产品，但这些磁带是我们这一代人对塞伯坦最初的美好幻想！

　　没过多久，《变形金刚》的动画片就放送了。在那个年代，每天下午六点多，院里的小伙伴就像峨眉山上开饭的猴子，开始了比今天年轻人蹦迪还要嗨上百倍的狂欢。而《变形金刚》一上映，院子里就没人了。我也一样，雷打不动地守候在电视机前，等待即将到来的惊喜！我第一次在电视上看到了一辆卡

▲ 现在回想起来，在电视上看到大力神组合应该是我童年里第一个难忘的瞬间。

天遂人愿，没过多久，变形金刚的玩具就涌进了第一百货公司的大楼。大概是1989年吧，我记得离我家不远的第一百货公司大楼门口居然还拉了横幅，当时我刚认字没多久，上面写的什么已经记不清了，只记得是热烈庆祝进口玩具变形金刚入驻，售卖童叟无欺，形式很浮夸，热烈程度已经超出了商场促销的氛围。

　　回想起来，这是多么残酷的"天堂"，父母究竟要花多大的代价才能满足孩子炽热的愿望！所以当时在那里如果能拥有一个变形金刚，那真是孩子们的幸福回忆。我看了许久，没有找到擎天柱和威震天，只有红蜘蛛让我印象最深刻，但名字在玩具包装上翻译过来是"星星叫"——star scream，可见当年人们的质朴。相反，我爸并不具备这种质朴的品质，在当时进退两难的境地下，他选择给我买了一套橡皮泥，并非常兴奋地说："走！咱们回家就可以用橡皮泥做一个自己的变形金刚了！"我当时居然信了。从那天起，我对三个变形金刚人物有了执念，分别是没见过的擎天柱、威震天和心心念念的红蜘蛛。

　　进去之后，人山人海、水泄不通的地方就是变形金刚的专柜，我爸把我高高地扛在肩上，我第一次看到琳琅满目的变形金刚玩具产品陈列在一起，这个场景给了儿时的我巨大的冲击与幻想，这简直就是一座由无数五颜六色的机器人堆成的"彩虹城堡"！孩子们叫嚷着，呼喊着一个个熟悉的名字！你根本没有办法静下心来找一个你最喜欢的人物。而父母们个个表情凝重，后来我才知道，柜台上玩具的价格十几块钱到几十块钱不等，孩子看上的任何一个变形金刚玩具都可能要花掉当时工薪阶层的父母一个月的工资。

▲ 当年在商场中看见最有气势的就是以红蜘蛛为首的飞行小队，很想知道它们变成玩具人形的样子，这个念想竟不知不觉持续了二三十年。

　　之后很久，我的幼儿园伙伴们都要拿这件事来笑话我，但我知道他们有的人连橡皮泥也没有。当时还有另一部机器人动画《麦克瑞一号》，又名《星球大战》，这部动画弥补了一些无法获取变形金刚玩具给我带来的遗憾。

◀ 这是馆长收藏的早期杂志海报，很多老朋友可能还会对这部动画有印象，同一时期引进的另一部机器人动画，原版日版叫《战国魔神豪将军》，而我们熟知的则是美版《麦克瑞一号》！

◀ 变形金刚的玩具当年我们还能看到，而《麦克瑞一号》的玩具则是见也没见过。多年后，馆长开始系统地收藏玩具，才发现《麦克瑞一号》当年的超合金玩具比变形金刚还要昂贵。

　　久而久之，我们便忘却了来自塞伯坦的遗憾。而让这一代人痛并快乐的，仅是著名玩具品牌商孩之宝商业帝国的绝妙广告创意！早在20世纪70年代末，日本玩具制造商Takara的微星小超人就诞生了，后续又衍生了微星机器人（Micro Robot）与微星金刚（Micro Change）系列，还有更具科幻色彩的戴亚克隆（Diaclone），它们便是变形金刚玩具前身的主要部分。

◀ 这是当年馆长收藏的微星系列玩具中附送的说明书。

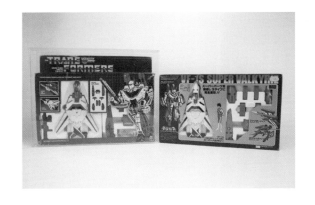

▶ 坊间的说法并不全面，不仅仅是 Takara 的变形玩具线被收购至变形金刚这一 IP 中，同样知名的日本玩具制造商高德也有非常知名的设计被引入其中，如《超时空要塞》中骷髅战机与天火的故事。

　　在当时，这些玩具塑造的形象多为需要人工操作的机甲型机器人。进入1983年，机甲型机器人题材的浪潮逐渐降温，孩之宝将在东京国际玩具展上收购的微星小超人、戴亚克隆，以及其他机甲题材优秀作品一并纳入了一个新的故事，这些人为操纵的机甲变成了一个个有独立思维的外星生命体——变形金刚，并分成了汽车人与霸天虎两派！

▲ 这是决定我走上收藏这条道路的 1983 年的东京国际玩具展影像资料。

1984年，孩之宝联合漫威漫画公司推出了变形金刚漫画，自此，霸天虎与汽车人长达数十年的争斗开始了。

◀ 这是馆长收藏的变形金刚漫画的创刊册，如今已非常珍贵。从封面中可以看到，我们可怜的红蜘蛛被擎天柱用手捏得粉碎，这也验证了变形金刚动漫玩具从一开始并没有完全遵循比例原则，外星人变大变小还不是看心情吗？

1984年，孩之宝联合日虹制作公司与漫威制作公司推出了三集动画短片Transformers: More than Meets the Eye（《变形金刚：难以置信》），并提供给多家电视台放送，这则商业广告迅速蹿红，于是就有了后面G1变形金刚的动画！刻在"80后"DNA中的98集TV版动画加1986版《变形金刚大电影》于1988年被引入国内，先是在北上广流行，再慢慢扩散到其他地方台。开了眼界就有了欲望，也就有了开篇所描述的童年回忆，而现在，我们将穿越回我童年回忆的高潮时刻！

1989年，那是一个平平无奇的下午，我正和幼儿园的伙伴们玩儿，忽然，班级的门被推开，门口一个高挑的成年男子身影高大、威猛，那是我爸。他喘着粗气，还没放学就来了，会不会是发现了我干的坏事？

"走！回家，我给你买了变形金刚！"话音刚落，嘈杂的教室忽然安静了，我不敢相信我成为全班第一个拥有变形金刚的孩子。记得当时从我的座位走到门口，也就区区几米，这几米我感受到了众人炽热的目光，这几米让一个平平无奇的孩子第一次拥有了人生的高光时刻，而这个时刻，源自一个父亲的付出，不知道他攒了多久的积蓄，又下了多大的决心，才买下了变形金刚。这便是光发出的一刻，无数的热爱、无数的感动汇聚在一起，让我在30年后选择了这份事业，想到这里，我不由得老泪纵横。但当时年幼的我，心理素质却极其过硬，居然压制住了狂喜，从容地问了一句："买了几个？"

到家之后，我看到一个装在红色盒子里的变形金刚赫然摆在桌子最正中、最显眼的位置，显然这是我爸精心摆放的，很郑重，很有仪式感。我大步向前，伸手就要拆，被他制止了，他让我先看一下喜不喜欢，再仔细看看盒子的包装和操作的步骤。在那个年代，一个家庭从家具到装潢一般都灰灰旧旧的，一个颜色鲜艳、设计考究、即便现在看也不过时的玩具包装，简直是奢侈品！

▲ 这并不是我心心念念的红蜘蛛，因为我根本没有想过自己会拥有一个变形金刚，所以压根儿就没和我爸说起过我最想要的角色。

▶ 这个角色叫淤泥，是汽车人中机器恐龙里的一员，由千斤顶研制而成，算是"人造人"，于G1变形金刚动画《紧急呼叫》一集中首次亮相，后出现于《大战机器恐龙》《恐龙岛》《机器恐龙开小差》《聪明的钢索》中，严格来说算是个"小透明"，但每次机器恐龙出现扭转局面的情景，都让我格外喜欢它！

我和我爸仔细地端详着这盒宝贝，小心翼翼地开盒，小心翼翼地拿出主体。我爸自然是不会让我将这一玩具变形的，毕竟1982年出生的孩子也是"熊孩子"，下手没个轻重。研究好图纸，他顺利地将这只雷龙变成了机器人，然后贴上了装饰贴纸，这才千叮咛万嘱咐地交到我的手上。我们很难想象就是这样一个古拙的造型，在当年看来还原度竟是那么高，那么完美！电镀的漆面让我误以为是金属！上面还有当年特有的热感标识，只有用红纸才能检测的人物属性……太神奇了，这让我爱上了科学。

当天晚上，我还记得我在半梦半醒时听到我爸在和我妈解释，说报纸上说玩变形金刚开发儿童智力。开不开发智力我不知道，我只知道我爸当晚应该受了不少苦。之后便是全院小伙伴来参观变形金刚的故事了。是的，当年如果你有了变形金刚，择友权就牢牢地掌握在手里了。这就是我拥有第一个变形金刚的故事，然而，我们的故事才刚刚开始。

很快，我爸给儿子斥巨资买变形金刚的事情传遍了全院，院里的孩子也就陆陆续续都有了自己的变形金刚，有的是大一些的，如声波、狂飙，有的是小巧一些的，如大黄蜂、浪花。由于经济压力，基本只能人手一个，但我们并没有因为变形金刚的大小而"嫌贫爱富"，凑在一起就是玩！毕竟一个人玩很快就会玩腻，只有凑在一起"社交"才能找寻更多的快乐。

之后的一段时间里，我在上海的表哥家中终于见到了威震天与擎天柱。表哥的父母在日本打工，是我们最羡慕的"留守儿童"，第一次见到包装着的威震天简直太震撼了，但是表哥死活不让我拿出来把玩，他说这个枪太危险了，容易伤人，我信了。

擎天柱是真的不错，还原动画程度特别高，在表哥的指导下，我给擎天柱变了一次形，当时只觉得过瘾，根本不知道这个90多块钱的玩具花费了一个家庭一个月的开销。虽然没玩到威震天，但不影响我回到老家吹牛，因为在我老家根本见不到这两个人物，我说什么就是什么，我就说威震天可以变成气枪打鸟啊，擎天柱可以说话，车厢可以变成一个动画里从没出现过的机器人……这些谣言一传十，十传百，我又顺利地坐回到"王位"。

▲ 当年 G1 威震天的包装特别唬人，你完全猜不透一把勃朗宁手枪怎么能变成一个人形，而它的封绘实在太漂亮了。威震天又是霸天虎的首领，有了它，全院的小孩都要听你的命令："霸天虎！撤退！"

◀ G1 变形金刚玩具是从各个玩具厂商收购的人物大杂烩，起初玩具并不是严格按照动画的比例来制作的，这也给儿时的我们造成了很多困扰，不过，最大的那个玩具就最厉害吧。虽然我已经记不清当时的玩伴，但每次看着这些玩具整整齐齐地站在一起，就会想起我和小伙伴在胡同里打闹的岁月。

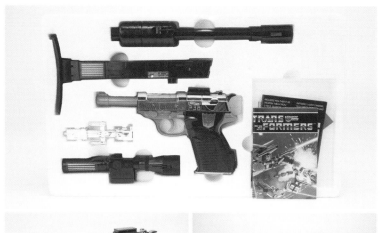

▲ 手枪可以说是当年 G1 变形金刚玩具中最精致的伪装形态了，但这也给现在收藏老玩具的迷友造成了一定的困扰。现在大部分人如果想要高品相的收藏，都要到海外的购物平台去寻找，虽然是 40 年前的儿童玩具，但是这逼真的造型还是给海关增添了很多麻烦，以至于国内包装完好的 G1 威震天玩具少之又少，成了"天价神物"。

▲ 在人形方面，如果用现在的眼光去审视，确实有些不堪。我也理解了表哥为什么当年死活不让我给玩具变形，一是怕损坏，二是要面子，三是想给我留下一个美好的童年回忆。

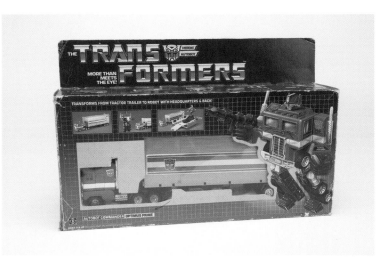

◀ G1 擎天柱是变形金刚动画史上公认的好大哥，也是变形金刚玩具史上公认的好玩具。纵使后面几十年中出了无数版本，但 G1 擎天柱仍然有一席之地，光是 G1 就有很多版本，其中初版的 TM 美版、日版由于用料特殊，最受资深玩家追捧。馆长手里的这盒由于包装品相一般，算是捡漏，品相好的在国内市场的价格往往要上万元。

◀ 这是开封后的玩具和各种宣传纸品与变形说明书，20 世纪 80 年代的设计即便现在看也不过时。

▲ 车型还原的是福莱纳 FL86 半挂型卡车，这一车型在当年巨大且有压迫感。它安全可靠，非常符合大哥的气质，玩具的还原程度也很高。

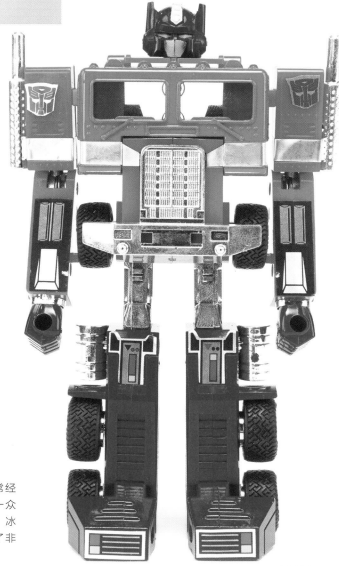

▶ 变形的流程设计得非常经典，变成人形后在当年一众 G1 玩具中也属于美观型，冰凉的金属脚底给我留下了非常深刻的印象。

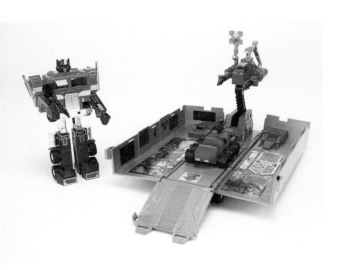

在海外，G1变形金刚玩具的高潮随着动画的结束便逐渐退却了，但儿时的我们却有着海外小朋友没有的第二次变形金刚高潮。国内正版的国产南海版变形金刚并没有称霸很久，毕竟高昂的价格让小朋友不敢过多奢望，就在这时，属于时代背景下的特殊产物——"地摊变形金刚"诞生了！

它们有着和变形金刚相似的变形功能和设计，但人物多是再造的，名字也起得力压海外，这个大王、那个司令，听起来十分霸气，价格却不到变形金刚的一半。毫不夸张地说，它们也是一代人的英雄，毕竟拯救了无数求而不得之人的童年，直到今天，还有不少藏友苦苦地寻找属于自己当年的"地摊英雄"。

▲ 对当时的小朋友来说，这款玩具最大的诱惑就是揭开了擎天柱车厢的秘密，"小滚珠"的故事在动画中非常少见，打开车厢的瞬间仿佛打开了一个全新的世界。当时我幼小的心里就藏着很多疑问，这设备和载具的操作空间到底是为谁预留的？难道擎天柱是有人驾驶控制的吗？谁想到这个秘密竟在几十年后才解开，具体故事我们后面再聊。总之，在我不懈的努力下，几年后，表哥终于把擎天柱玩具送给了我。

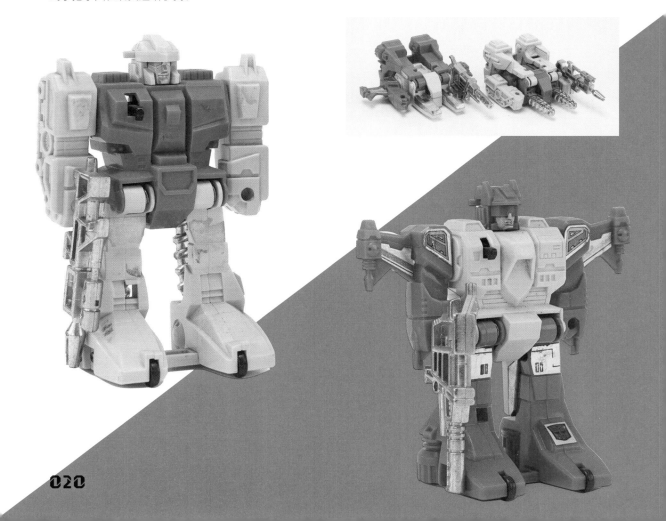

▲ 当年最早期也最著名的就是这款"秦天主"，这个谐音梗当年迷惑了不少家长，却让"80 后"永远记得这个形象。

◄ 大家可以看到一款模具下的各种变种，丰富着我们的童年。

▲ 在各种变种产品中，大家印象最深的应该就是这款"星际铁甲龙"了吧？这款玩具在当年非常受欢迎，从包装上看应该也有不少出口，这款目前也是"地摊变形玩具"中最难收藏的，当年价格亲民的玩具现在终于熬上了"收藏神坛"！

当然，"地摊金刚"们也有发展，从异军突起到偃旗息鼓也就短短几年，但最后留给我的印象是一个能变成七种形态的玩具，相信所有上了年纪的"刚丝"儿时应该都知道它的真身——六面兽，它把变形金刚带到了《头领战士》的纪元！

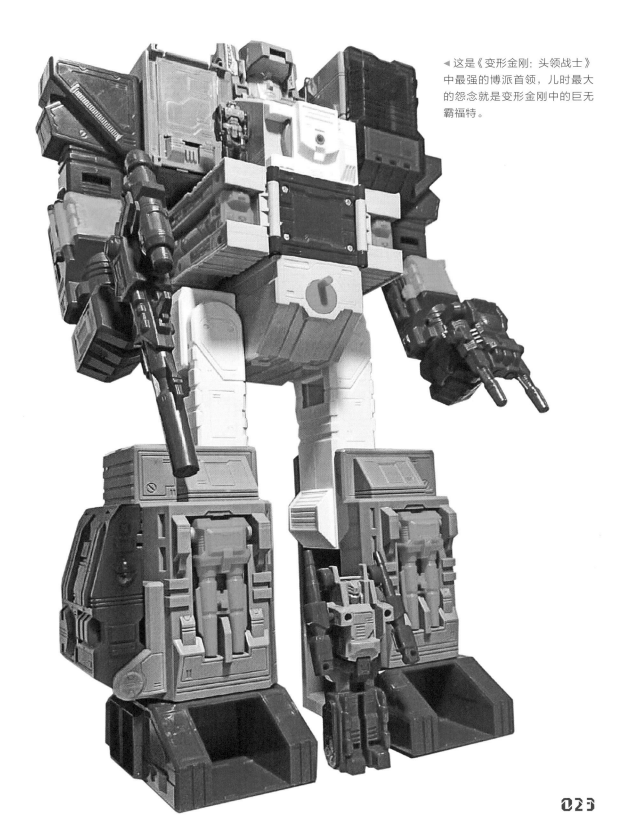

◀ 这是《变形金刚：头领战士》中最强的博派首领，儿时最大的怨念就是变形金刚中的巨无霸福特。

◀ 我们看《变形金刚：头领战士》基本上就锁定巨无霸福特和这几个"小强"了，虽然美版98集中的动画人物体现的是个人英雄主义，但情节相对丰富，出场人物众多，动画风格还是和日系《变形金刚》有很大区别的。

▲ 虽然一开始不习惯《变形金刚：头领战士》的动画，但其玩具做得相当好。告别了早期变形金刚玩具各个品牌大杂烩的局面，头领战士的玩具造型、颜色、用料和比例等变得格外统一。

动画突然变成了日系热血中二风，这让老一代迷友出现了暂时的不适。但是不久，新角色的超强战力让"熊孩子"们立刻喜新厌旧了。一代新人中最强、最具吸引力的无疑就是充满日系中二气息的忍者参谋——六面兽！

▲ 狂派首领萨克巨人无疑是商场里孩子们最想得到的变形金刚玩具之一。

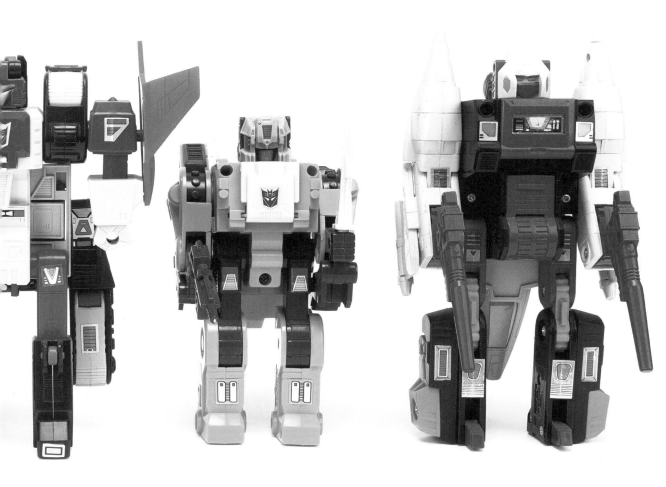

▲ G1 正版六面兽玩具其实也是从日本"勇者系"的玩具改模而来，它可以变成七种形态，故事中猎杀了汽车人人气角色二把手通天晓。可惜它的玩具在国内销售惨淡，只因"地摊文化"才是真正的回忆。

　　头领战士之后，变形金刚的玩具逐渐走下了"神坛"。虽然变形金刚的故事还在《隐者战士》《目标战士》《能量战士》之间轮回前行，但威震天不再出现了，擎天柱的形象也化身成人类不停地组合变化，红蜘蛛也在《隐者战士》中变成了人类的模样……这些便是我的童年时代与变形金刚的诀别。

◄ 隐者战士时期的红蜘蛛玩具可以把机器人塞进人形玩具的"肚子"里完成变形，这就是我初见的那位帅气的霸天虎星星叫（中国香港引进时将红蜘蛛翻译成"星星叫"）。

　　变形金刚玩具进入国内比较晚，实际上早在20世纪80年代末，变形金刚就已经进入了《胜利之斗争》《微型地带》的篇章。这一时期出现了首个G1大型电动变形机器人，也出现了武力值最高的博派首领，却离我们的童年回忆越来越远，辉煌的G1时代慢慢地画上了句号。

▲ 《变形金刚：胜利之斗争》中传说各项数值全部爆表的最强博派首领是史达与狮王的组合。可能喜欢日系动画的朋友对这部作品持较为接受的态度，但在我看来，这部作品基本脱离 G1 的动画风格。

就在G1最后的时刻，孩之宝还开发了一个非常有趣的系列——"行动战士"！可能用"奇葩"描述更加准确：作为变形金刚却无法变形，而载具却能变化多端。虽然这一系列的玩具被人诟病，但是G1中经典的人物回来了！我们又能看到擎天柱、威震天和红蜘蛛了。

▶ 行动战士时期变形金刚玩具的包装。

◀ 红蜘蛛的可动人形玩具与载具变形的玩法。虽然大家不太理解明明一个人可以变成飞机，为什么还要去坐飞机，但看到如此接近动画中设定的红蜘蛛玩具还是十分开心。

▲ 威震天的载具更霸气了，这款产品也开创了后续威震天变形为坦克的功能。

▲ 这确实是 G1 时代最接近动画中设定的威震天玩具了。

▲ 同样，行动战士中的擎天柱也是驾驶着卡车进行战斗。这一时期的玩具虽然在当年并不叫好，可是30多年过去了，它见证了G1最后的时刻，是极具收藏价值的。

随着行动战士的落幕，G1的辉煌时代终于告一段落，迎接变形金刚命运的将是长达数年的G2至暗时刻。但塞伯坦的光辉依然没有停止闪耀，它继承着先祖的火种，属于"90后"回忆的平衡舱即将驶向地球！

超能勇士

　　G2即Generation2，泛指第二代变形金刚玩具时期的产物，也是迷友口中的塞伯坦灰暗时期。一是因为没有动画培育新玩家，仅凭借漫画来维持故事；二是因为玩具在当年老玩家群体中销售惨淡。在被家用电子游戏机抢占市场的20世纪90年代初，在这种绝境中，变形金刚玩具并没有消失，它们隐忍地见证了至暗时刻。直到今天，G2时代的变形金刚玩具依然有着不少死忠粉，尽管很多人物没有出现在动画中，尽管很多玩具只是G1时代玩具的换色，它们依然是值得收藏的。对我来说，虽然没有红蜘蛛的新模，但威震天和擎天柱却再次回归玩家的视野，出现了很多好玩的作品。

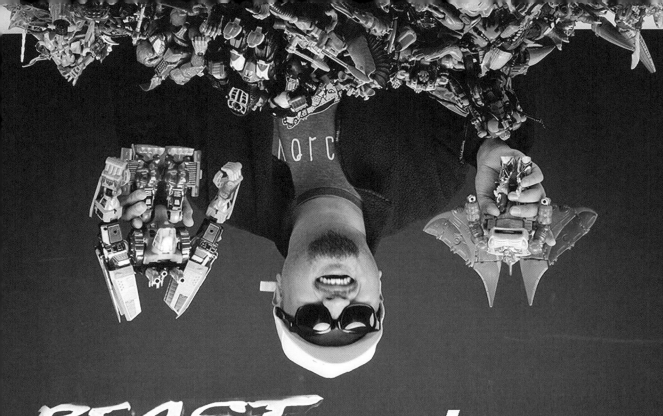

BEAST WARS coming soon

▲ 这一对俗称"喷水系列"的 G2 擎天柱与威震天玩具其实并不能喷水，而是通过气囊来发射导弹。

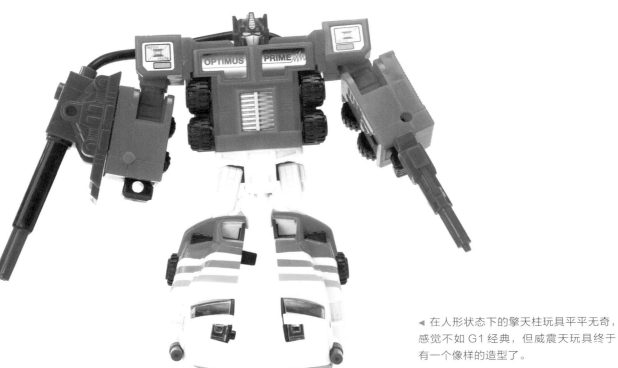

◄ 在人形状态下的擎天柱玩具平平无奇，感觉不如 G1 经典，但威震天玩具终于有一个像样的造型了。

◀ 最有趣的武器配件就是这个可以发射导弹的气囊了。

▶ 伪装形态下的威震天也变成了霸气的坦克，和擎天柱势均力敌，它不再像 G1 那样需要变成手枪被别人握在手里。威震天的这个伪装形态是馆长非常喜欢的造型，现在它在国内二手平台上的价格并不高，有兴趣的迷友可以关注一下。

由于两位首领的市场反响不错，很快，擎天柱和威震天的玩具又迎来了升级，无论体积还是刻画，都加大了力度。

◄ G2 激射擎天柱可以说是 G2 时代最具代表性的玩具了，它拥有好的品相，也是迷友争相收藏的玩具。

▲ 在车型上，首次使用了大鼻子油罐车的造型，为日后的真人版电影做好了铺垫。

▲ 人形玩法也十分有趣，可惜它是 G2 时代的产品，如果再早几年，一定会被大量仿制吧。

▲ 威震天则再次被塑造为一辆绿色的坦克，后期还被收录到日版《超能勇士》（*Beast Wars*，简称BW）动画中，成为一位叫震破天的野心家。

▲ 伪装形态和变形流程与之前的紫色"喷水威"极其相似。

▶ 这个玩具变形成人形后还添加了很多弹射机关，这些机关非常有趣，人形体积也很大，看起来非常震撼。

▲ Kenner 时期最著名的《星球大战》正传三部曲人偶全收集！虽然品相一般，但这是馆长值得骄傲的收藏。

但是光靠我们今天的主角依然无法挽救变形金刚玩具的整体颓势，就在塞伯坦陷入险境的时候，真正的英雄出现了！

Kenner公司成立于1946年，其最经典的产品莫过于在1979年开始盛行的《星球大战》3.75英寸（1英寸≈2.54厘米）人偶，凭借当年无敌的IP热度和超前的商业布局，它们曾一度冲到全美玩具销售榜榜首，为一辈人留下了经典的收藏。

▲ 为了给星战迷友制作节目，我们的团队曾深入大漠为大家揭开 Kenner 最经典的玩具的奥秘！

▲ 世界上第一批 1：18 载具也出自《星球大战》，这就是世界上第一只千年隼玩具，可以说这是星战世界里永恒的浪漫！

在1991年，Kenner被孩之宝收购，旗下很多IP玩具也一并并入孩之宝这个大家庭。"养兵千日，用兵一时"，就在变形金刚最危难的时刻，Kenner团队终于出手了，他们与老伙计Takara再次并肩作战，并协同加拿大最先锋的动画制作公司Mainframe为全体"90后"献上了变形金刚史上的经典之作——*Beast Wars*，即《超能勇士》！

老实说，《超能勇士》并不是我的童年回忆，1999年它才被国内引进，辽译（由辽宁人民艺术剧院、辽宁儿童艺术剧院、原沈阳军区话剧团组成的配音机构）的版本真的太棒了！故事讲的是塞伯坦结束内战后、人类文明在地球诞生前，塞伯坦的平衡舱坠落在鸟不拉屎的地球上，并释放了大量的火种舱。交战双方扫描了当地的飞禽走兽，将其分成了巨无霸和原始兽两派，由于地广人稀，变形金刚的数量又太少，在今天看来有一种浩瀚宇宙中漂浮着一颗原始行星的荒凉孤独感，可当年我感觉这就是变形金刚版的"乡村爱情械斗"。但人少有

人少的好处，人物刻画得非常细致，让我一度感觉这不是大型玩具广告。可由于临近高考，我每天都忙于打游戏与社交，看惯了G1的我对北美当年试验性的3D动画有点接受不了，所以就没看完《超能勇士》。

如果没有玩具，我真的会错过这部经典。当年Kenner与Takara的创作团队引入了1985年《强殖装甲》的设计概念，让机械体的变形充满了生物装甲的风格，大胆地使用了球形关节，增加了玩具的可动性，还划时代地为变形金刚玩具按大小分出了级别，这直接影响了后世变形金刚玩具的发展！当年依然是先有玩具再有的动画，所以出现了玩具与动画并不还原的现象，这像极了G1刚开始的年代。在1996年动画的助燃下，《超能勇士》的玩具一炮而红，让变形金刚重回"神坛"。虽然不再是擎天柱与威震天的故事，但由于玩具线与动画线脱节，依然有擎天柱和威震天这两个人物！

▲ 这是馆长收藏的当年擎天柱与威震天的海报的复印版，虽然它们没有出现在动画里，但看到海报依然让人兴奋。

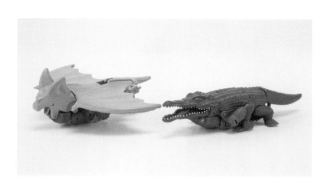

▲ 做梦也想不到十几年后擎天柱玩具会变成一只蝙蝠，而变成鳄鱼的威震天玩具却十分贴合人物。

▲ 两个曾经的领袖在《超能勇士》玩具世界里虽然只是基础级的小比例人物，但是千万别小看它们，它们一键变形的玩法非常奇特，让馆长爱不释手！

《超能勇士》世界中也有属于自己的领袖——猩猩队长与霸王龙。当年故事中的霸王龙也叫威震天，和G1故事中的威震天不是同一个。后来官方解释，由于过于崇拜G1威震天，所以霸王龙才给自己取了这个名字，但迷友们更愿意叫它"女王大人"，只记得它在国配版中最常用的口头禅是"是的"，虽然它是反派，但也是一个人气较高的角色。猩猩队长与霸王龙的玩具在当年可以说非常丰富了。

▲ 这是超能勇士玩具系列"世界初"时期的猩猩队长与霸王龙玩具，出色的弹射与联动机关让小朋友爱不释手。《超能勇士》玩具也分美版和日版，版本的差异要比 G1 玩具大一些，用料和涂装也有一定的差异，据说美版的玩具更适合把玩。

▶ 由于玩具先于动画出现，因此早期的玩具人物多有生物防护面具的设计，这在动画中是看不到的，这也是创作团队从《强殖装甲》中取材的线索。

▲"世界初"时期后，战斗双方都进入了金属变体时代，金属变体让玩具拥有了漂亮的电镀涂装，设计也比"世界初"时期的玩具精细了很多。

▲ 猩猩队长和霸王龙玩具非常特殊，在金属变体时代再次升级变身，两人在动画中呈现的最终形态非常令人震撼。四变猩猩玩具拥有四种形态，体积极大，手感非常好，在今天其收藏价格也非常高。而红龙威震天玩具简直就是当年的人气之王，每个小朋友都想拥有一个红龙版"女王大人"！

▲ 我曾经在一期节目中展示了恐龙勇士迄今为止所有的玩具收藏，以纪念这位变形金刚史上最闪耀的战士。

除了首领，《超能勇士》世界中还有很多人气角色。有趣的是，它们都是成对出现的，比如代表战力的急先锋与狂飙、打情骂俏的闪电与蜘蛛女、合二为一的白虎勇士与飞箭勇士，这些组合都给我们留下了美好的回忆。但馆长印象最深的则是老鼠勇士与恐龙勇士这对欢喜冤家，我尤其喜欢恐龙勇士，我一直认为恐龙勇士是真正的战士、真正的男人！在

当年，恐龙勇士的牺牲让无数的观众动容。从它的身上，无数的小朋友学会了面对人生的岔路口，即便正义的道路再艰险，也要勇敢地走下去。至今它的遗言还被铭记："我的故事可以讲给别人听，讲实话，不要只提我的好处，让大家公正地评判我吧。"对于这样一位深入人心的孤胆英雄，馆长对它最大的致敬就是集齐恐龙勇士玩具。

◀ 公认最还原动画的玩具依然是大师系列 MP41 恐龙勇士，加上定制的道具能还原出恐龙勇士在动画中最威风的场景。

▲ 这一玩具在未来的十年里频频出现，甚至还诞生了不少其他角色，足见其受欢迎程度。

▼ 同样，恐龙勇士也诞生于 1996 年，是第一批"世界初"时期的玩具，最早的恐龙勇士玩具形象与动画中的形象大相径庭。

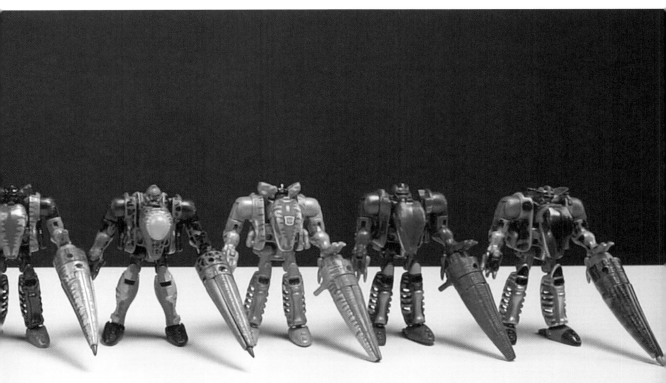

随着平衡舱驶向塞伯坦，《超能勇士》的故事告一段落。紧接着，《猛兽侠》和日版的《超能勇士》动画故事再续热度，而我们的老大哥也在日版动画中以狮王擎天柱的形态再次出现。

随着这一波"野兽派"的落幕，我们进入了千禧年，看着G1长大的孩子也开始有了成年人的烦恼，逐渐忘却了塞伯坦的快乐时光。而变形金刚前进的脚步从未停止，2003年的《雷霆舰队》、2004年的《超级合体》、2005年的《塞伯坦传奇》续写了塞伯坦的故事，为"00后"第3代"刚丝"持续提供着变形生命体的乐趣，这就是迷友口中的"邪神三部曲"时代！这是一个馆长并未接触的时代，但我在收藏玩具的路上却从未倦怠。这一时期擎天柱、威震天与红蜘蛛都有登场，而且红蜘蛛还有着特别热血的剧情。和馆长一样错过的老迷友们可以补一下别人的童年回忆。

▲ 时隔多年，与老大哥再次相见，它虽然变成了雄狮，但依然英姿飒爽。

▲ A 版《雷霆舰队》中最著名的还是擎天柱玩具,虽然造型看起来非常儿童向,但这款玩具将变形联动做到了极致,它可与车厢合体,也可通过远程红外线操控变形,惊呆了当时的迷友。

▲ A版《雷霆舰队》的擎天柱玩具还可以和汽车人战友合体，是"刚丝"们不可不入的经典玩具。

▲ E 版《超级合体》中馆长最喜欢的还是这个惊破天模样的威震天玩具，变形流程大开大合，把玩起来非常痛快。

▲ C 版《塞伯坦传奇》中的红蜘蛛玩具最为抢戏，在动画中首次出现的泰坦级红蜘蛛给人留下了深刻的印象。

"邪神三部曲"时代的变形金刚给"00后"一代迷友种下了变形的种子,虽然没有再度掀起风浪,但是平静下却暗藏着波涛汹涌,崭新的变形金刚帝国正在崛起,将彻底掀起一场更高的浪潮。

真人电影与MP系列

大约在2004年,大学时代的我和朋友正在上海长乐路上闲逛。长乐路是早年沪上小众潮流的集散中心,这里非常安静且时髦。我忽然在街边发现了一家玩具店,当时不顾友人劝阻,我鬼使神差地走了进去。如果我的收藏之路需要一个起点,我想就是踏进这家玩具店大门的那一刻吧。

店内各种新老玩具交织陈列,除了大量的拼装模型,我居然看到了无数童年回忆,一整面墙的特种部队和变形金刚玩具瞬间把我拉回当年的彩虹城堡。但当我仔细一看价格,嚯,好贵!一个带盒的G1变形金刚玩具竟然要五六百元人民币!友人嘲讽道:"谁会买?谁会买?"殊不知,几年后这些玩具的身价会再涨上几倍。我当时虽然嘴上附和着"就是,就是",但身体没有办法移动。我竟然找到了儿时魂牵梦萦的星星叫/红蜘蛛玩具!这就像见到了十几年未见的老朋友,我又想起了老爸和院里的伙伴,眼泪瞬间在眼眶里打转,但年轻气盛的我却不好意思让友人发现,只能站在那里一动不动。这时老板悄悄地站到我的身后,笑嘻嘻地跟我说:"同学,这个品相一般,喜欢的话给你打折!"就这样,我"入坑"了。

◄ 包装和我儿时印象中的不太一样，系统收藏后我才得知 G1 分美版、日版、欧版、国产南海版等，这款是相对便宜的日版，并未在国内发行。千禧年后，大量国内的商人和玩家去日本"扫货"，因此才有大量的日版 G1 玩具在国内的二手市场流通。

▲ 说实话，当我把玩具拿到宿舍拆封之后，确实有种"相见不如怀念"的感觉，G1 红蜘蛛的变形方式都是插拔，并不精彩。当时我花了 400 元买下它，这几乎是我一个月的餐费，室友们都不理解我的购物观。但无论如何，我圆梦了，并且在圆梦之余还发现了"新大陆"，那么当年那些橱窗里的变形金刚玩具到底是什么样子？

当天还有其他收获，我本以为变形金刚只有儿时的老玩具，没想到店内最显眼的位置居然放了一个非常精致的擎天柱，这就是MP系列（MasterPiece，即大师级，也被称为杰作系列）的第一款产品。没想到20年前的老动画至今还在出玩具产品，而且这些产品都好精致啊！在当时看来，它们宛如从十几年前的动画中刚刚走出来，还带有液压杆装置、散热片等写实的设计。好在当时店里并没有多少人，在那个年代，很多人还不能接受一个成年人在玩具面前惊慌失措。我驻足了很久，与其说是在慢慢欣赏，不如说是在内心挣扎，因为这些精致玩具身上贴着一个学生很难付得起的价格标签。当然，这是"入坑"前的阵痛，当你入了坑，你就没有底线了，但是这次我只能作罢，毕竟囊中羞涩。

▶ 没错，没过多久我就拿下了这款 MP01 擎天柱，MP 系列属于变形金刚玩具的顶级货，在 2004 时还没有比例概念，只是做到了最精致的还原，让儿时的想象成真。

▲ MP01 擎天柱虽然没有车厢，但它的出现让我回想起在表哥家时我对擎天柱玩具的那种痴迷。与 G1 玩具相比，它有着更多的机关和玩法，浑身的合金材质让玩具非常沉重。直到今天，MP01 擎天柱作为 MP 系列的原点依然非常有收藏价值。

多年后，MP系列出品了MP05威震天玩具，当年的我特别兴奋，多年后回头再看，它那如此不堪的变形流程、孱弱的人形设计，其实并没有比G1的威震天玩具好到哪里去。我很难想象这竟出自变形金刚玩具设计大师幸日佐志之手。后来通过采访我才得知，由于玩家的催更，这款大师级人偶竟是在两周时间内赶工出来的。

▶ 这是 MP05 威震天玩具，就算对这款玩具再失望，当年的玩家看到后也是兴奋的，毕竟当年的选择太少了。

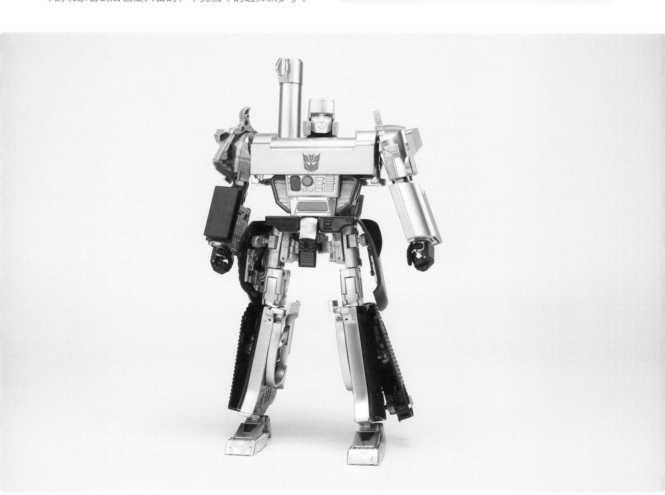

▲ 《变形金刚》电影中首次降临地球的"五小强"玩具，从左至右分别是爵士、救护车、擎天柱、铁皮和大黄蜂，即便没看过 G1 动画的朋友也会被它们吸引。

2006年，我毕业了，毕业对于我意味着什么？一是有工作了，有收入后可以敞开买变形金刚玩具了；二是作为一个独立自主的自由人，可以不顾及他人的反对买变形金刚玩具了。所以那段时间我经常出入于长乐路上的各个玩具娱乐场所，不管买不买得起，单是欣赏就能让我感到满足，一种属于小学时代的快乐又回来了。直到有一天，那个老板又悄悄地站到我的背后，笑嘻嘻地说："兄弟，该下手了，快买吧，真人版电影马上就要上映，这些就要涨价了！"

2007年，大名鼎鼎的《变形金刚》真人版电影诞生了，由迈克尔·贝执导。无论"70后""80后"还是"90后"，当擎天柱第一次现身在电影院的超宽银幕上时，就在你眼皮底下真真切切地变形了，那一刻，无数的情怀被唤醒，甚至有迷友起立鼓掌。那一刻，塞伯坦的热情被再度唤醒！变形金刚迎来了第三次高潮！

感谢迈克尔·贝！身边喜爱变形金刚玩具的朋友忽然多了起来，虽然电影中的大部分人物形象已和儿时动画中的形象相去甚远，但我能理解，更加破碎、写实的机械感生命体放在电影中才不违和。自此，变形金刚的主流玩具多了一条电影线的脉络。

◄ 我们的主角擎天柱玩具是与 G1 形象最接近的，2007 年的这款变形金刚玩具的用料很好，联动机关的玩法还保留着，这些在之后的变形金刚产品中很难再看到了。

▲ 大鼻子皮卡的伪装形态我们在 G2 时代已经见过。可能是由于版权原因，2007 年真人版电影中的擎天柱没有选用福莱纳半挂型卡车，大黄蜂没有选用大众甲壳虫，这是我们这一辈人的遗憾。

◄ 这是 2007 年真人版电影中红蜘蛛的 G1 配色玩具。红蜘蛛在电影中自然也有亮相，但是与童年动画中的帅哥形象差距过大，懂得赚钱的官方自然也会出 G1 配色版让我们这些老迷友心甘情愿地掏腰包收藏。

▼ 这是 2007 年真人版电影中威震天的玩具产品。同样，在影院我也很难将它和儿时记忆中的威震天联系在一起，但这款玩具同样保留了老变形金刚玩具联动弹射的传统设计，之后很难再见到有这种功能的威震天玩具了。

说实话，当年的《变形金刚》系列电影非常成功，但一部分有着G1情怀的老迷友总觉得有些遗憾。多年后，很多年轻的迷友认为电影中的人物造型就是变形金刚最初的模样，这让我们很感慨。但让我们欣慰的是，2007年，一个影响后世至今的变形金刚玩具系列来临了，就是Takara与孩之宝再次合作开创的经典系列！第一代叫作——变形！变形！变形金刚！同样也有美版版本，可真正的迷友还是会选择还原度高和更精致的日版，并将其称为日经1.0。这是以漫画为基础，沿用了G1的人形风格，再次对20世纪80年代98集动画人物和20世纪90年代《超能勇士》中的经典人物进行形象塑造。这一经典系列在当年非常轰动，在圈内的收藏势头不亚于电影版的玩具，如果你收齐了一套日版经典1.0系列的28个人物，第二年就能以双倍的价格卖出。直到今天，日版经典系列还被老迷友们津津乐道，我也是在那个时期才发现，原来变形金刚还有着这样的升值潜力！如果家人还敢来干涉我的收藏爱好，我就给他们看网上售卖的差价。

▲ 当年日版经典系列变形金刚的包装非常简单，也方便大家把玩后收回盒中收藏。

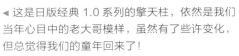

◀ 这是日版经典 1.0 系列的擎天柱，依然是我们当年心目中的老大哥模样，虽然有了些许变化，但总觉得我们的童年回来了！

▲ 日版经典 1.0 系列的威震天也有我们童年记忆的影子，而且威震天再次变成了孩子们手中最喜欢的武器！当年我们都戏称它为"水枪威"。

▲ 这个系列中最有意思的是红蜘蛛玩具，官方居然出了它死后的幽灵版本——一个彩色透明的限定红蜘蛛。这套飞行小队的模具也是日版经典 1.0 系列最还原 G1 的玩具。

经典系列的火爆让我对收藏变形金刚玩具更有信心，同时玩变形金刚玩具的迷友也多了起来，当时一个叫"ACTOYS"的论坛网聚集着各种新老"刚丝"。事实证明，一个人的热爱是有限的，一旦有了圈子，收藏就有了参考，有了目标，甚至有了较量！但对我们来说，最重要的除了有了友谊，还有了交易。当年的二手平台并不发达，很多玩具还是靠在论坛网进行买卖，然后再转为线下交易，我至今还记得第一次线下交易给我带来的刺激！

那是一次发生在地铁闸机口的交易，我是买方，卖方带着他的大力神缓缓地走了过来。当年的交易方式和现在的完全不同，非常隐蔽，大家一眼就能从对方的眼神中感受到"惺惺相惜"。为了节约一张地铁票，我在站台里面，他在外面，但一堵厚厚的玻璃墙阻隔不了两颗炽热的心，我从玻璃墙底下的夹缝将钞票塞出去，他从玻璃墙顶端将大力神抛过来。别以为这就结束了，这么贵重的东西当然是要当面验货的。从变形到组合，我需要在人潮汹涌的地铁口完成检验。看着一个20多岁的青年蹲在地上小心翼翼地组合"儿童玩具"，而另一个20多岁的青年隔着玻璃注视着，乘客们和工作人员纷纷向我们投来了疑惑的目光，你们可以想象有多尴尬了吧？即便这样，这也是我最快乐的收藏时光！

第二年，属于第四代"刚丝"的2008版《变形金刚》动画面世了，我当时一集也没看，因为我完全不能接受动画里的造型，可多年后回过头来看，这一版动画人物的玩具却有一种"潮流玩具"的美感。

▲ 2008年动画版中的威震天，变形设计得极其巧妙，不但孩子可以从容上手，连成年迷友都津津乐道，算是非常成功的设计。

▲ 红蜘蛛的变形也设计得极为巧妙，如今年岁已高的我开始喜欢上这种夸张的人物变形了。

2010年,《领袖之证》系列动画获得不错的口碑, 出色的剧情和相对成人化的设定让变形金刚具有更深层次的思考, 这时的动画已经可以满足一家两代迷友一同观赏了。

▶ 由于当年的玩具种类忽然多了起来,《领袖之证》系列的玩具, 馆长收藏得并不多, 但这款日版编号 AM33 的威震天凭借优秀的人形和漆面脱颖而出, 是非常值得收藏的, 直到今天还有很多迷友收藏。

《领袖之证》系列动画再次点燃了新老迷友的热情，可让变形金刚第三次高潮达到顶峰的却不止官方的作品。

2007年至2008年，官方推出了MP03红蜘蛛，而这款红蜘蛛居然是绿色的，盒子上写着"河森正治监修"的字样。河森正治何许人也？他当年参与了《超时空要塞Macross》《机动战士高达0083》《太空牛仔》等经典作品的机体设计，是一位十足的机甲大师！而这款红蜘蛛作品在当年互联网逐渐发达的岁月引起了不少话题，主要在颜色还原、人形后腰刀的设计处理与变形结构等问题上引发了热烈的讨论。这大概是我感受到的最早期的激烈的"云模玩"讨论，而最具历史意义的却并不是这款玩具本身。

▲ 当年河森正治监修的MP03红蜘蛛将写实与G1相结合。

▼ MP03 红蜘蛛的人形却饱受争议。

据说这款玩具的设计公司内部存在两个版本——坚持完美飞机形态变形还原的河森正治版和还原G1人物不带腰刀的设计师版，前者已经面世，后者已被尘封，而后者的设计却被某厂家"借鉴"了。当然，这些只是圈内的传言，但当年确实有被封禁的版本在市面上流通，虽然这是令人不齿的盗版行为，但这在当时也给了玩家一个信号，官方所推出的变形金刚玩具不一定都是最权威的。

▲ 这就是当时震惊玩家群体的盗版产物，今天早已经消失在市场。馆长当年还是留存了一份来见证这一特殊的历史时期。

这一现象为后世变形金刚"第三方"厂家打开了市场的大门！这是一个非常灰色的地带，有些厂家的产品是拥有版权的独创作品，有些则是没有版权的擦边设计产品，从此也进入了各大厂商群雄逐鹿的年代，疯狂的角逐将大家收藏变形金刚的情绪推到了顶峰，官方不再是玩家唯一的选择，加上官方出品的《天元三部曲》系列经典线的玩具设计得过于低幼，品质一落千丈，变形金刚玩具再次进入了一个被玩家怀疑的灰暗时代。

就在这高潮与灰暗并进的时代，也曾有一束光照射到不朽的经典，被世人传颂。2011年，由变形金刚设计大师莲井章悟操刀的MP系列MP10擎天柱面世了，它作为MP系列2.0的开山之作，在当年收获了无数的赞誉。从这一刻，MP系列开始弥补我们童年时代变形金刚玩具比例失衡的遗憾，一个全新的大师级时代开始了。这款擎天柱本身也是里程碑式的作品，它凭借优异的人形结构和完美的变形流程曾被多次再版。判断一款产品是否足够经典，仅仅凭借一时的把玩体验是无法验证的，要用时间去衡量。在未来的十几年里，MP10不但多次被再版，还与众多品牌和IP联名、换色。当时一度出现只要是限定版MP10就会有人高价争相购买的局面。即便是近些年新出品的更加还原动画的MP44擎天柱3.0，也没有撼动它的地位。

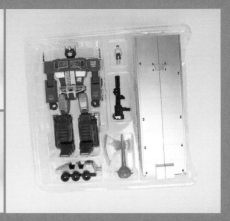

▲ 这是 MP10 的外包装，当年馆长也是第一时间购入，售价 1000 多元，没几天它的价格就被炒到翻倍。

▲ 主体拿到手里的质感与 MP01 完全不同，更加紧实的关节、更加扎实的结构、更加灵活的设计使它非常适合把玩。当年这款产品与 Hot Toys 钢铁侠一度成为玩具评测的标杆性产品。虽然当年部分产品有胸口的车窗闭合不严的情况，但也是瑕不掩瑜，它无疑成了"刚丝"人手一个的"圣物"。

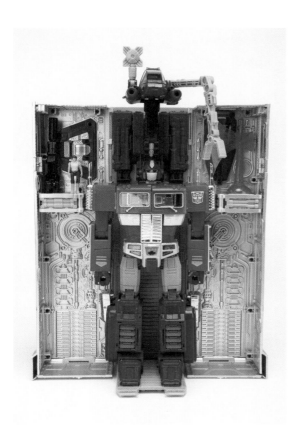

▲ 变形流程堪称完美，造型更加还原福莱纳半挂型卡车。

▲ 车厢延续了经典的格纳库玩法。

▲ 2019 年出品的 MP44 擎天柱 3.0 虽然万众期待，但却没有像 MP10 一样在收藏圈引起巨大的轰动，这也许就是"时势造英雄"吧！

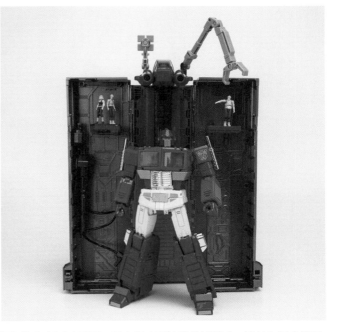

▲ MP44 擎天柱 3.0 同样拥有更加精巧的玩法，甚至更加还原 G1 动画，但由于变形流程极其琐碎，馆长也很少把玩。

MP系列进入2.0比例时代后，另外两位主角威震天与红蜘蛛也迎来了新品，它们同样也带来了不小的震撼，MP36威震天几乎是我个人最喜欢的大师级变形金刚玩具，尤其是MP36+，更加还原G1威震天玩具。它的出现让我重回到了那个在表哥家心心念念期待玩具的年代，并满足了G1未能给到的感受，这种感受是再精巧的变形流程和造型设计所不能填补的，所以MP36+可能是我最喜欢的变形金刚玩具，玩具有情，回忆无价！

▲ MP11红蜘蛛是MP系列2.0时期的产物，它在MP03的基础上进行了调整，删减了备受争议的腰刀，还原了G1动画中红蜘蛛篡位成功的那短短几秒钟的高光时刻。

◀ 2021 年，MP52 红蜘蛛问世，迄今为止最还原动画的红蜘蛛玩具出现了！仿佛是从动画中走了出来，年轻的迷友还在纠结背部设计上的一些瑕疵，而和馆长一辈的老迷友们只是感到非常欣慰。毕竟，真正的 G1 死忠迷友已经越来越少了，很少有人会理解我们从那个年代走过来的心情。

◄ MP36威震天是公认的好玩具，一把枪型的隐藏形态能够变成一个完美的人形，并且还能还原出威震天在动画中的霸气造型和邪恶神态，这是需要非常深厚的设计功力的。

◄ MP36+ 威震天是我最喜欢的变
形金刚玩具之一，整体风格还原 G1
玩具造型，也可以通过替换头雕在
动画风格和玩具风格中切换。电镀
的漆面使它摆在玩具柜中非常抢眼。

时间来到了2020年前后，彼时的馆长已经成了一位职业up主（uploader的简称，指通过网络上传分享视频、音频、图文等文件的人），对变形金刚的关注也被其他IP的玩具分去了些许。令人欣慰的是，孩之宝与网飞合作的《决战塞伯坦》三部曲上线了，虽然动画制作精良，但玩家反馈一般，擎天柱居然连一句"roll out"（译为"出发"，擎天柱的经典台词）都没有喊出，但玩具线也终于回归了视野。三部曲的玩具虽然存在偷胶、变形低幼等一些老生常谈的问题，但也不乏经典之作。尤其是王国系列引入了《超能勇士》中的人物，让两个经典时代的人物一起大乱斗，何其精彩！对我而言，我们今天的三位主角又再次站在了一起，它们并没有因为时间的蹉跎而老去，并没有被人们遗忘，还是那么神采奕奕、霸气十足！

▼《决战塞伯坦》中的三位主角——馆长儿时的朋友，依然没有多大变化，它们还是那么受欢迎。变形金刚的魅力真是"more than meets the eye"（译为"并非看起来那么简单"），超越眼界！

那么，它们三位诞生之初究竟是什么样子？为何擎天柱大哥的车厢里隐藏着各种驾驶员的信息？为什么霸天虎的首领一开始会是平平无奇的手枪造型？而红蜘蛛的飞行小队最初又是什么模样？这就要再度穿越回40多年前，来到变形金刚的前世——戴亚克隆的年代！

戴亚克隆

　　戴亚克隆（Diaclone，日本Takara公司于1980年推出的玩具IP），有"钻石风暴"的美誉，可以说是微星小超人系列后续的支脉。在1982年，戴亚克隆真实系的小车部队需要一个大型的移动基地作为玩具线的"领头羊"，于是一个卡车造型的可变形机甲就诞生了。注意，这里并不是外星金属生命体，而是需要微星小超人操作的机甲，车头为可变直立机器人，车厢才是真正的可供微星小超人操作的作战基地。

▲ 这是 1982 年戴亚克隆移动基地的包装，馆长收藏的这盒产品品相较差，但即便这种档次的藏品，其价格依然会劝退无数藏家。

▲ 打开内包装，它与 G1 擎天柱玩具的布局和配件极其相似，只是多了红、黄、蓝三位驾驶员，车厢上的汽车人标志也变成了戴亚克隆。

▲ 玩具基本和 G1 没有差异，谁能想到"小滚珠"居然是微星小超人的座驾！

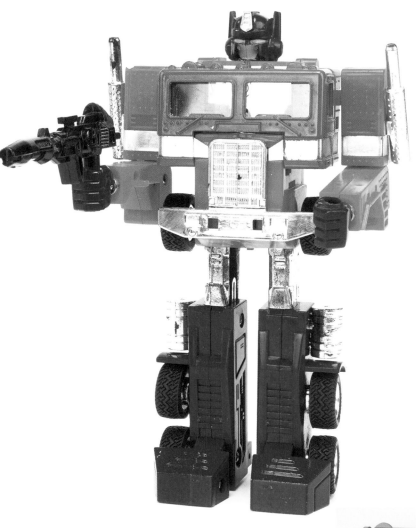

▶ 这是擎天柱玩具最初的模样，可能这位叫"移动基地"的朋友做梦也想不到，不温不火的自己换了个艺名居然能火 40 多年。

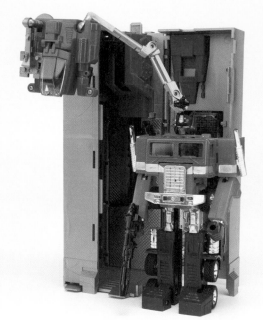

威震天的命运是坎坷的，无论是在影视动画中还是在玩具线上。据说，最早的霸天虎领袖方案原本是要给红蜘蛛的，这样才正好对应了天上地下的对抗模式，可最终孩之宝团队还是选用了更具危险性的P38枪战士。是的，一开始威震天也没有一个像样的名字，只能叫作枪战士。P38手枪是1938年瓦尔特公司为德国陆军定制的配枪，而Takara在微星小超人后续系列——Micro Change中将它作为变形体制作了出来，并赋予了编号MC12。就是这么一个不起眼的战士，通过不懈的努力，实现了自己的野心。

▲ 这是 MC12 P38 枪战士当年的包装样式。

◀ Micro Change 时期的威震天玩具隐藏形态更加逼真。同样，国内的微星时代威震天玩具的藏品更加稀缺。

◀ 这是当年 Micro Change 系列的其他产品。

◀ 人形还是那么纤细，"威震天万岁！"

▲ 不出意外，红蜘蛛也来自戴亚克隆的变形体——Real Robot 系列，而且当年 Takara 一出就是两个，都叫作 F15 JETROBO，红色的更像红蜘蛛，是喷气式战斗机，蓝色的则更像惊天雷，是特技飞行机，而它们都是微星小超人的座驾。

▲ 这是日版戴亚克隆旗下的红蜘蛛玩具的祖先。

◀ 当年戴亚克隆也曾出过欧版的红蜘蛛玩具。

▲ 红蜘蛛的隐藏形态就是供微星小超人乘坐的 F15 喷气式战斗机。

▲ 红蜘蛛的祖先并没有霸天虎的标志，有的是戴亚克隆的拉花与一些美军战斗机上的标识。

▲ 这是红蜘蛛的驾驶员，真正的"小红"。

现在，变形金刚正处在LEGACY传世系列的推广阶段，这是一个神奇的系列，G1、G2、《超能勇士》《雷霆舰队》、2008版动画和《领袖之证》，这些作品里的经典人物都会出现在这个系列里，融合为"变形金刚宇宙"！多么令人欣喜，所有年代的"刚丝"都可以汇聚在一起！直到，万众一心！！

而我，此刻正站在孩之宝发布会的舞台上，应邀讲述自己对变形金刚的热爱。回顾40多年，从一个买不起G1玩具的孩子，到在地铁站热血澎湃地交易玩具的青年，再到以分享玩具为职业的中年，最终有幸站在官方的舞台上，一时间百感交集，竟不知从何说起。

此刻，在我脑海中，有一个声音再次响起——

"走，回家！我给你买了变形金刚！"

02

美国队长之死！

梦的开始

这篇之所以放在这么靠前的位置和大家分享，是因为这是我的节目梦开始的地方，也是光出发的那一刻。

2018年，我心血来潮开始准备第一期节目。万事开头难，第一期做什么题材举棋不定，就像第一次约会一样，严肃了怕观众嫌冷淡，热情了怕观众嫌轻浮，到底是该做得深刻一点显得专业，还是做得浅显一点显得娱乐呢？最终，我决定蹭热点！

说到当年ACG的热点，绝对是漫威宇宙的《复仇者联盟》系列！《钢铁侠》电影的出现带动了人们对漫威超级英雄的喜爱，而Hot Toys的钢铁侠玩具更是让大众看到了精致的收藏级玩具人偶。当时恰巧是《复仇者联盟3》上映前夕，大众对剧情的猜测充满热情，尤其是对主角美国队长的结局。熟悉漫画的迷友都知道美国队长与灭霸战斗的下场，不由得众说纷纭，极其受关注。但是纵观漫威历史，美国队长的战死和复活简直就是家常便饭，第一期节目索性就做美国队长的童年回忆和玩具的历史吧。恰巧当时馆长手边正有一些罕见的美队收藏品，于是，《玩大的博物馆》第一期节目就这么诞生了。现在漫威电影的热度早已降温，回顾当年的第一期节目，那种业余的剪辑和浮夸的演技，隔着屏幕都让人尴尬到脚趾抠地，但这毕竟是梦开始的地方。那么这一篇，我们就通过美国队长各个时代最具代表性的人偶来了解漫威英雄颇具收藏价值的玩具世界！

相信大部分"80后"第一次接触美国队长时并不知道他叫美国队长，而是从一款任天堂FC游戏机早期大黄卡游戏中见到的。当年极其丰富的关卡剧情和流畅的操作给我们留下了很深的印象，长大后才知道这款游戏叫《上尉密令》，是美版任天堂NES街机移植版游戏，里面除了美国队长，还能看到鹰眼、奥创、满大人、红骷髅等一系列人物。

▲ 《上尉密令》凭借流畅的操作体验和精美的画面让儿时的我第一次见到了美国队长和鹰眼，但我并不认识他们，也从未接触过图中展示的美版任天堂NES游戏机，但大黄卡带来的快乐是真切的。

◀ 由于 NES 机能的限制，原本的钢铁侠和幻视在可选人物中被取消，但今天在电影中看到的诸多反派如红骷髅、奥创、满大人却早已在儿时相见。

▲ 第一期《美国队长》漫画诞生于 1941 年。

这便是我们这一代人儿时的"美队回忆"，但最早的美国队长远比这要古老。1941 年，美国队长第一次通过漫画一炮而红，1944 年还被拍成了电影。那时，美国队长的身手还是"战五渣"，执法全靠手枪，叫他"美国大队长"更贴切，其主演是一个名叫 Dick 的演员，演完不久就去世了。

▲ 最早的电影《美国队长》的剧照与主演。

1948年，电影版的《美国队长》在中国上映，这算是国内比较早公映的超级英雄电影了吧。"原子武器！科学机关！惊险王片！"这是当年给《美国队长》的定位！谁能想到今天会被大家戏称为"美臀"。

虽然美国队长的漫画和电影出得早，但美国队长的玩具却出现在另一个年代，这还要从一部电影说起。《当幸福来敲门》讲述了发生在美国20世纪80年代的故事，非常感人，一部好的电影会有很多的记忆点，但让我记得最清楚的，便是男主的儿子遗失了他最心爱的美国队长人偶。

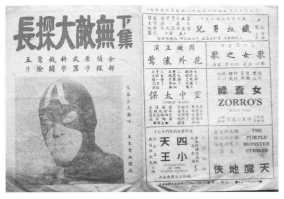

▲ 20世纪40年代的《美国队长》电影海报。

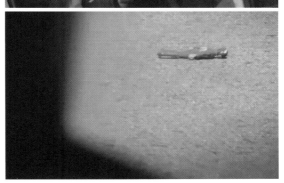

▶ 电影中的一段情节令人印象非常深刻，威尔·史密斯饰演的男主人公带着儿子为了生计奔波着，为了能在规定时间内回到救助站抢床位，他终于挤上了最后一班巴士。不料儿子唯一的玩具美国队长却被挤在了门外，面对孩子的号啕大哭，让同为人父的馆长感慨不已。

看完这部励志电影，我开始对美国队长最早的玩具产生了兴趣。每个玩具都代表了一个时代的审美、工艺和生活。通过发达的网络，我找到了Mego这一纵横20世纪70年代的玩具品牌。

Mego，1954年创立，1971年成功转型为著名版权公仔制造商，两年后，推出了"世界上最伟大的超级英雄"系列，首批就推出了漫威一线英雄可动人偶。相比同一时期的12英寸G.I.JOE美国大兵玩具，五颜六色、性格各异的超级英雄人偶更能抓住儿童的心，销售空前热烈。可好景不长，Mego在1978年便宣告停产，1982年倒闭。Mego在20世纪70年代给美国的孩子们留下了非常美好的回忆，直到今天仍有民间团体为它制作网站、流通收藏，甚至仍

有玩具厂家复刻Mego在20世纪70年代生产的复古人偶。

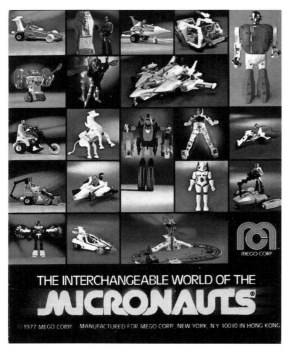

▲馆长收藏的 20 世纪 70 年代末 Mego 的玩具海报，可以看出玩具的产品线极为丰富。

Mego的美国队长人偶就出现在1973年，是已知的最早的通贩美队玩具，也是出现在电影《当幸福来敲门》中的那个美队玩具。50多年过去了，二手市场上流通的人偶少之又少，馆长在海外二手平台以一个不错的价格蹲到一款品相一般的收藏品，老玩具带一点岁月的痕迹才更有味道。

▲ Mego 的包装分为盒装和挂卡两种，当年的包装上并没有印刷产品照片、玩法、人物卡等，只有人物的漫画版插画，整体非常美观，通体的大开窗让产品一览无遗。

▲ 这款人偶采用的是 PVC 素体结合针织物的方式。最早漫画中的星条旗作战服和胸前的五角星已经脱落，大部分图案采用了贴纸，很难完好地保留几十年。

◀ 快看美队睿智的眼神！当你凝视它的双眼时，很难想象这样一个人偶今天要花上千元人民币才能买到，这便是老玩具收藏者不被理解的地方。

▲ 脱去美国队长的作战服，可以清楚地看到背后的铭文，通过铭文我们可以区分初版与后期的复刻版本。当然，复刻版本的价格要友善很多，但对于收藏者来说，也少了岁月的味道，稍有阅历的玩家单凭触感就能分辨初版与复刻版本用料上的区别。

▲ 为了动起来更灵活，玩具的腰部采用了皮筋来固定关节，这种做法非常具有时代特性。十年之后，"80后"迷友最为熟悉的特种部队G.I.JOE把这种皮筋腰部关节做到了极致，海外人士将其称为O-ring，这成了一个时代的玩具烙印。

▲ 这个千疮百孔的贴纸配件就是世界上最早的美国队长人偶的盾牌。

　　一款人偶并不能完全展现一个系列当年的传奇风貌，我用手中收藏的最早的漫威人气铁三角中的钢铁侠和雷神来展示一下美国漫画中英雄最初的样子吧。

▶ 这一系列的包装规格相同，用不同的颜色来区分人物，与我手里的另一个人气角色钢铁侠的包装对照着看，这一系列的包装至今看来还是非常好看的。

▲ 很多人可能想象不到最早的钢铁侠是"有脸"的。

▲ 钢铁侠的人偶形象是怪了些，但还挺忠于当年的原著的。

▲ 这是馆长收藏的最早的雷神可动人偶，一头飘逸的长发，带着一丝芭比娃娃的傲人气息。

▲ 这是最早的雷神、美队、钢铁侠，因为素体是相同的模具，所以三个人放在一起并没有身高差。品相上有些破败不堪，但即便这样，三个玩具同框的场景在国内也是难得一见的。

看完这三个爷爷辈的"上古之物"，大家不禁好奇，这么简单的一成不变的造型就这样赚了三代人的钱？50多年前风靡全球的玩具改进一下工艺，50多年后还能继续"割韭菜"，这是怎样的生命力？其实，这几十年里无论漫画、影视作品，还是各种人偶玩具，美国队长都从未停止过创新，每个时代都有极具代表性的作品。

美国队长也并不是一帆风顺。20世纪70年代初Mego出品《美国队长》的时期，恰好经历了美国"水门事件"，带给民众巨大的伤害。

不过美队很快就归队了，玩具的销量在当年也是决定人物命运的重要因素。就这样，20世纪70年代，美国队长生生死死好几回，直到进入20世纪80年代，经过阿波罗登月成功后的情绪发酵，对宇宙的探索逐渐在影视作品和ACG文化中流行起来！Secret Wars（《密战》）的诞生直接让漫威将战场转移到了宇宙，甚至提出了多元宇宙的概念。

而这时的玩具也发生了巨大的变化。受石油危机的影响，小比例PVC可动人偶大行其道，从《星球大战》到《特种部队》，3.75英寸人偶非常受小朋友的喜爱，超级英雄自然也不例外。玩具界巨头美泰抓住这次机会，出品了一系列4.25英寸漫威超级英雄人偶。这一尺寸并不常见，但和其他3.75英寸主流IP玩具人偶放在一起，超级英雄自然要大一些。这

▲ 星条旗美队与猎鹰的接棒背后也有着时代的故事。

一小心思明显起了效果，在市场上颇受好评，所以美泰出品的*Secret Wars*系列人偶，也代表了20世纪80年代的漫威人偶玩具。

　　前些年一次偶然的机会，我收到了这一系列的美国队长人偶的评级款挂卡，美国AFA（Action Figure Authority的简称，是一个专业认证各种可动人偶的机构）评级看似是给你的玩具收藏加一个亚克力保护盒，但实际上是通过包装品相、内部人偶的成色等一系列烦琐的指标为你的收藏品打分数并上传至网络，从此，你的玩具便有了自己的国际通用"身份证"。当然，价格随着分数的攀升也要翻上好几倍，我并不建议初来乍到的迷友收藏，但它也让今天的我们看到了20世纪80年代完美如初的美国队长玩具。

◀ 挂卡玩具的包装非常重要，正面要有人物封绘，人偶主体和武器配件一览无遗。很遗憾这一系列并没有封绘，只有大大的 logo，少了一些浪漫。美泰的人偶包装向来如此，就连当年旗下最红的 IP——宇宙巨人希曼的挂卡也没有人物封绘。

◀ 包装的背面十分漂亮，每款人物都有专属的四格漫画故事，很像当年的口香糖包装赠品。商家照惯例会把一季的产品全部罗列展示，加上一些简单的玩法示意、人物卡或收藏标，让小朋友们朝思暮想。

◀ 这是馆长这套收藏品的 AFA 分数，75 分红标是一个较低的分数，并不入收藏大家的法眼，所以这套收藏品是馆长以一个较低的价格收到的。

▲ 为了更好地展示，我还特意买了一款拆封的人偶，可以看出 20 世纪 80 年代美泰的这一系列人偶还留有早期 Kenner 的影子。人偶全身仅五处可动，背部刻有铭文。早期的美泰人偶玩具最具标志性的地方就是屈膝的站姿。

▲ 配件的玩法绝对是别具一格，当年这种瓦楞纸印刷可以在不同的角度看到两种画面，相信大多数"80 后"都拥有过这样的玩具，而美泰把它放在盾牌里作为替换图案，在那个年代多少带点"高科技"成分了。

▲ 这时的美队已经带点现代美系玩具人偶的影子了，看它自信的表情，谁能想到在它出品后的第二年，在漫画中就被毁灭博士干掉了。

美队再次迎来复活，时间也进入了20世纪90年代，漫威漫画也揭开了无限手套大事件的帷幕，这对于现在的复联影迷再熟悉不过了。灭霸登场，手指一响，是的，《复联3》的史诗级凝重气氛早在20世纪的漫画中就有体现。这时的主流漫威英雄玩具也来到了ToyBiz旗下。

如果说斯坦·李是美队的话，那ToyBiz玩具公司的总裁阿维·阿拉德就是猎鹰。ToyBiz漫威超级英雄系列在当年再次掀起了漫画英雄玩具的热潮，一直延续到今天，是美系玩具迷友公认的最具代表性的漫威玩具品牌之一！7英寸左右的人偶可动性能好，用料极其讲究，人物刻画也非常还原。而1993年首版的第一批人偶和今天的ToyBiz ML系列还是差别很大的，来看看这一时期的美队吧。

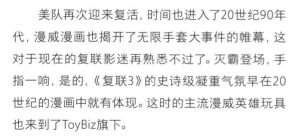

▲ 同样是挂卡包装，这款人偶增加了人物立绘，主体大小接近 6 英寸，与 20 世纪 80 年代美泰时期的作品相比，这款人偶玩具增加了膝关节，但它与现在的人偶结构还是有较大差异的。

▲ 背面依然是系列产品展示图，了解斯坦·李脾气的品牌永远会把蜘蛛侠放在第一位。玩法示意中可以看到盾牌的弹射玩法，在 20 世纪 90 年代，人偶玩具最流行的玩法就是弹射，后来由于安全问题就取消了这种设置，现在都很难再见到有弹射配件的人偶玩具了。

▲ 最有趣的是，ToyBiz 为美国队长安排了载具——Turbo Coupe（一款跑车）。

▲ 包装上的设计元素与挂卡十分统一，可以看出弹射玩法已经深入骨髓，连肌肉车也被装上了破门锤。

▲ 车表面的拉花十分浮夸。

◀ 车门可以打开，内置了一个飞行座椅，科幻程度不输当年的蝙蝠侠，相信应该是史塔克科技量身定制的吧。

▲ 这是 ToyBiz ML 系列 20 周年美国队长纪念版，对美国队长感兴趣的新迷友可以尝试购入。

在这之后的20年里，ToyBiz大刀阔斧地改变了人偶的结构，加大了尺寸，精进了细节，近些年出品了复古漫画版美队人偶，也算是一种情怀吧。其收藏价格非常平易近人，一两百元的价格在国内的网购平台随手可得。

不止ToyBiz，近些年美国孩之宝玩具公司也在3.75英寸与6英寸两个规格上分别开拓了MU系列和ML系列，价格也很实在，加上复仇者联盟系列电影在全球的火爆，Hot Toys等一众品牌也开发了大量电影收藏级人偶，丰富了美国队长的收藏品。在馆长执笔之时，虽然漫威宇宙电影的热度已经大不如前，但是一个个鲜活的漫威超级英雄形象却已深入人心，玩具也层出不穷，市面上随处可见。

80年弹指之间，纵观历代美国队长的作品，虽然主角生生死死，轮回往复，但其漫画无一不体现着时代的热潮，其玩具更能代表每一代人的审美与工艺。虽然美国队长在我们的童年回忆中占比很少，但他也是极具代表性和值得研究的。回过头来再看这个人物，我发现他是漫威超级英雄中少数高尚且完美的角色，因为他充满男性魅力、沉着、有力、坚强，能够从小感染几辈人，这个英雄角色是值得我们研究和借鉴的。

2.3

明日香

带你看EVA最早的玩具

初中时我第一次看EVA动画，那时还叫《天鹰战士》，当时处于青春叛逆期的我早已过了用动画填补课余时光的年龄，所以对这部动画并没有什么印象。几年后，我和大学室友一起看了《新世纪福音战士》的DVD碟片，感觉设定棒极了，但结局我没看懂。直到这两年，EVA的新剧场版故事才彻底落下帷幕，掐指一算，这个IP在近30年的时间里也感染了两代人，可以说是日本动画史上难得的经典作品，但并不能算馆长这一辈人的儿时情怀！那为什么还要回忆EVA动画的故事呢？请接着往下看吧！

回忆EVA动画的故事原因有二，一是EVA的制作方GAINAX早期是Wonder Festival（WF，世界上规模最大的手办模型展）手办模型展的主办方，也是GK（Garage Kits，未涂装树脂模件，是收藏模型的一种）文化流行的重要一环，更是当年开放IP中诸多玩具厂商争相创作的重头戏！也就是说，EVA周边玩具盛行的20世纪90年代是日本模玩的鼎盛时期！二是因为当年馆长有一期节目曾因在初号机雕像下cosplay该作著名角色明日香而"一战成名"，并且"臭名昭著"。为了节目效果，馆长曾cosplay过无数角色，从星矢到希曼，从健次郎到惊奇队长，从来没有被人记住过，万万没想到唯有那期EVA的开箱节目火了。"好事不出门，坏事传千里"，几十万的迷友就记住了这个辣眼睛的形象，还亲切地称为"昨日臭"。从此以后，这成了我们节目里最常见的梗，也成了我的专属形象。那么今天，我们就让这位"昨日臭"小姐带大家了解下我和EVA周边玩具的故事。

《新世纪福音战士》简称EVA，最初于1995年上映，由GAINAX和龙之子工作室共同制作，庵野秀明担任主要编剧和总导演。这位热爱特摄片的编导个人风格极其强烈，在特效和打斗的处理上非常大胆，同时也刻画了二次元历史上较为吸睛的美少女形象。

虽然每个人对经典的理解不同，但市场不会说谎，近30年来，EVA的周边层出不穷，不管是什么东西，紫色配个绿色，贴个拉花，都敢说是初号机限定。馆长在节目中也无数次发现了各种新奇好玩的周边产品，从新潮前沿的数码用品到古旧传统的联名限定，无不体现着时代的发展。

▲ EVA 周边总以最酷炫的方式进入年轻人的生活，虽然周边的价格不低，但是能在年轻的消费群体中经久不衰，足见其魅力。

▲ 奇怪的周边咱也有，你怎么也想不到这个初号机的道具手套是咖啡托吧。

▲ 环球影城限定的爆米花桶居然是初号机的头的造型。

▲ 还有当年各式各样的零钱储蓄罐，制作得十分有趣，这些在今天很难再见到了。

　　几十年来，EVA的周边数不胜数，模型玩具也是层出不穷、日新月异，这绝对是玩具收藏市场的奇迹。同样拥有几十年历史的《星球大战》《机动战士》等题材的周边可以说十分单调了。那么究竟是怎样的魅力才能造就这样的神话？这就要回到光出发的那一刻，我们一起来看一下动画放映初期时的EVA "玩具盛世" 吧！

　　EVA的玩具到底是人物出名还是机甲出名，这个还真不好说，手办与模型都在馆长的收藏范围之中。不同时代和不同技术对人物的刻画有着天壤之别，形象也特别具有代表性。20世纪90年代中期，手办这类PVC Figure（即PVC人形）还没有今天这样明确的定义，尤其是EVA的作品，由于世嘉是最早的版权方，EVA的玩具更像是景品（景品在日语中是"赠品"的意思）周边，大量出现在世嘉游戏城中充当奖品，造型的设计水平却良莠不齐。

▲ 这是馆长前些年直播时拆出的一套1995—1996 年的景品收藏。如果没有发型和颜色的区分，你完全不知道他们是谁。通过角色的比例足见"三无少女"绫波丽在当年受欢迎的程度，不过馆长小时候还是最喜欢葛城美里。

▲ 早期的景品中也不乏设计精美的收藏品，这些收藏品与 20 多年后的景品相比，依然不输风采。

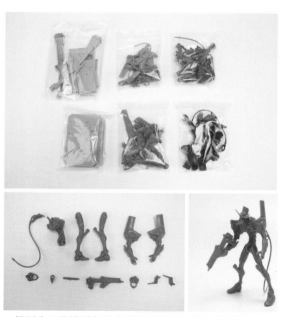

▲ 便利店玩具摊前各种各样的周边是小朋友的最爱。

▲ 说到当年小朋友的最爱，刻画精美的扭蛋、盒蛋也是数不胜数，就不一一列举了。

据馆长了解，当年有一个品牌是十分受关注的——Tsukuda Hobby，该品牌成立于1973年，以制作人体解剖模型闻名。早年制造了很多手办大胶产品，1997年，它也为 EVA 出品了史上第一套大胶玩具，在当年深受好评。这一系列除了座机，还有人偶手办，而现在还能够集齐这套大胶玩具的迷友在国内寥寥无几！

▲ 收到葛城美里人偶的时候，我还曾十分感慨，初看此番时大家还在进行"红白之争"，而馆长却对这位大姐姐情有独钟，可能是对"大人的世界"十分向往吧，总是接受不了最后她死掉的情节。今天，她并没有成为 EVA 的人物符号，所以手办产品也少得可怜。

▲ 这套收藏人物系列一共六款，作为当年少女手办产品的雏形，可以看出开发者从未考虑在系列中加入男性角色。

▲ 原型师的设计有些浮夸，造型花枝招展，完全没有体现出原著人物的性格，也许是为了给这个沉重的故事留下一个轻松的纪念吧。

▲ 这一系列人偶玩具的制作方法与现代 PVC Figure 的不同，更像是空心搪胶制法。重量非常轻，需要底座来辅助展示。人物面雕总体来说也符合时代特征，造型多样。当时能收到一套绫波丽和明日香的泳装版本相当不易。

◀ 这套玩具除了人物当然还有机体，分别为零号机改、初号机、二号机。

◀ 成品体积巨大，摆在橱窗里非常唬人。大家可以看出初号机与驾驶员的比例还是存在问题。刚入手的时候，我以为它会有大胶玩具的质感，但工艺依然类似搪胶的制法，非常轻，颜色鲜艳有光泽。这种玩具如果储存不当，非常容易变脆，我在视频节目中就曾大翻车，把玩坏了二号机，引来了满堂的"喝彩"，所以并不建议新玩家去购买。

我们了解了EVA早期手办的雏形，那么世界上最早的EVA可动人偶表现如何呢？

同样是1997年，世嘉的Real Model系列诞生，这一系列凭借出色的还原度受到了成品玩家粉丝的追捧！而今收齐全新未拆的EVA Real Model系列也不太容易！当年最早的EVA可动模型使用挂卡包装，那么标准的挂卡收藏玩具必须具备封绘、主体、配件、人物卡，可惜当年可能由于主体过大或压缩成本，这一系列并没有封绘，但它还原了初号机的暴走状态，遥想当年小朋友第一次看到初号机暴走是何等震撼与害怕！以至于后面很多作品都参考或沿用了这种姿态，馆长在视频节目中忍痛拆封，近距离地弥补了童年的遗憾！

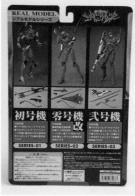

▲ 这是 Real Model 系列挂卡包装，这一包装并不具备挂卡玩具特有的传统，但日系玩具特别热衷于回盒保存，这套挂卡拆完还可以还原。

◀ 这一系列诞生于 20 世纪 90 年代，今天每个人物的价格各有不同，大部分都还十分便宜。收到之后，很多习惯了可动人偶的迷友也许会很难接受这种古早单调的可动模式。

▲ 通过背面的产品介绍我们得知，Real Model 不止有这几台主角机，还有使徒与量产机，甚至还有其他 IP 的产品。

▼ 这一系列最让我好奇的是暴走初号机，毕竟它在当年给那么多小迷友留下了童年阴影。Real Model 首次将这一形象立体化，终于可以近距离地看清初号机暴走的样子。可拆封之后，童年阴影一扫而空，这也做得太好笑了吧。

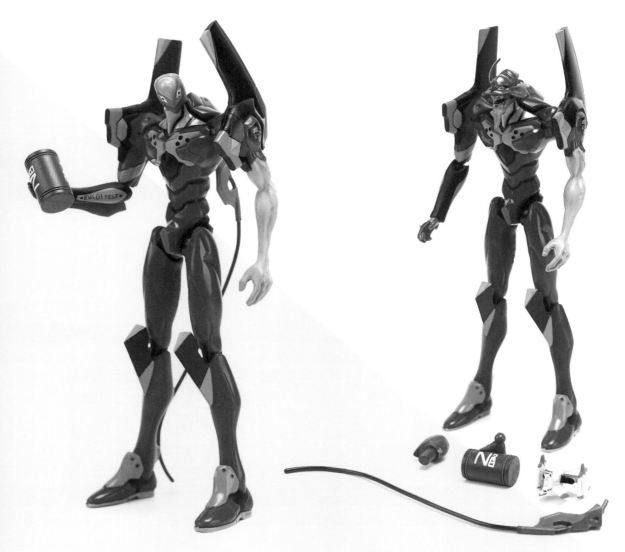

景品、手办、可动人偶，这些早期的EVA玩具让我们近距离地把玩到了动画中喜欢的人物和机体设定，但作为收藏，这些产品还是偏儿童向了一些。而EVA动画在当年是面向全年龄段的，那么当年最早面向高年龄段的EVA拼装模型又有着怎样的故事呢？

在动画播出的1995年到1997年，万代出品了大量的EVA机体拼装模型，成了市场的主流。但是，在百花齐放的年代，总会有挑战者出现！VOLKS始于1972年，是一家以售卖飞机塑料模型见长的专营店，1992年成立模型制作品牌——造形村。而在1997年，为了纪念VOLKS成立25周年，造形村推出了全可动拼装模型系列，在日本收藏圈轰动一时，而这一系列最早的产品就是EVA！全可动拼装这一命题对后世影响深远，但是现在市场上一整套未拆的造形村EVA却十分少见。那么今天，我们就来见识一下这套当年可以和万代叫板的藏品吧！

◀ 这一系列一共五款，得益于当年极其厚实的包装，封面才保存得如此完好。

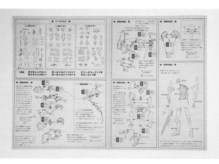

▲ 海报如同报纸头版一样，宣告拼装模型实现了完全可动，足见当年造形村对产品的自信。说明书非常简单，可以看出完全不是现代主流拼装模型的风格。板件非常粗犷，而且完全没有分色，需要较强的动手能力才可以完成。

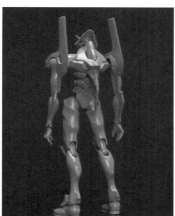

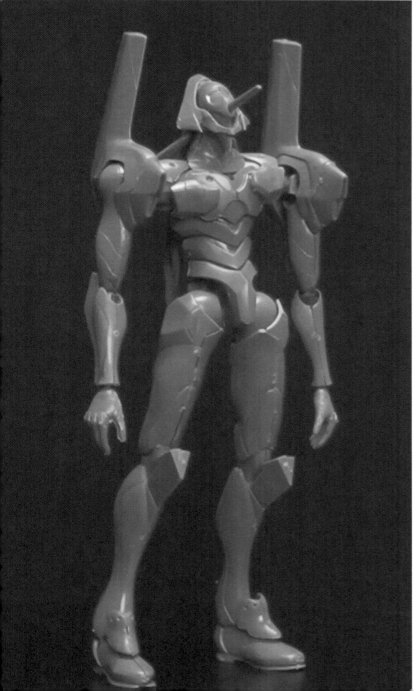

◀ 我尝试不加修饰地素组了一只初号机，只为还原当年的拼装体验。体验是非常糟糕的，插桩不适配的情况很多，部分还需要胶水。从成品可以看出完全就是"水口地狱"，大量的合模线外露，如果不打磨根本没法看。可动方面是有一定的处理，但和当年同期同类产品相比并不出彩。成品的造型确实比较美观，但体形并不还原，体态更壮硕匀称，像一位机甲战士，而非一个被束缚甲牵制的恶魔。

再来看万代的表现。1997年，全世界第一款PG（Perfect Grade，即完美系列）拼装套件面世，正是EVA的初号机，在当年这个极具革命性的最高难度的拼装可动人偶引起了不小的轰动，馆长早就想尝试，一直被迷友们劝退。不知道是什么原因，这么具有纪念性的套件直到今天价格还是稀松平常，非常容易入手。后来才知道原来是后期再版了太多，加上流程体验非常虐心，它才没有走上"神坛"。不过，馆长还是入了相对难得的初版和限定版来给观众们开眼。

▲ 迷友们切记，只有包装右上角有生产年份字样的才是初版。

▲ 内部产品由拼装板件和皮套部分组成，毕竟初号机是在抑制器下的生命体，PG还是希望能够在结构上有一定的还原，但是这种流程加大了制作的难度。

▲ 初版限定附送的纪念卡。

▲ 当我第一次看到PG系列的模型说明书时还是感到十分震撼的。

▲ 最后我选择拼装一套价格相对便宜的后期限定版，限定版的束缚甲采用电镀着色，非常漂亮，虽然拼装过程十分艰难，但是成品十分惊艳。这才是动画中理想的初号机形态。新剧场版中的机体与老动画版的略有不同，它看起来更瘦长，肩部没有这么宽。

下面让我们来到光出发的那一刻，为大家展示世界上最早的*EVA*模型产品，这款产品同样来自万代。在1995年至1996年，万代生产了一批较小比例的LM（Limited Model，即限量款）限定HG（High Grade系列），由于对当时市场的判断，这套缩小版的LMHG的生产数量并不多，现今要凑齐一套还是要花些功夫。但是，*EVA*的迷友遍布天下，很快馆长就凑齐了一套，那么我们就通过组装这一套八款藏品，来弥补童年的遗憾吧！

▶ 这是第一款初号机，大家千万不要被包装华丽的官方图片诱惑，板件是毫无分色的，这就是素组的效果。但在当年，万代的流道生产技术还是非常先进的，拼装流程完胜当年的对手造形村，成品关节的紧实度与可动性也非常完美。看着世界上第一台初号机，你是否找回了当年沉浸在*EVA*世界里的感觉呢？

  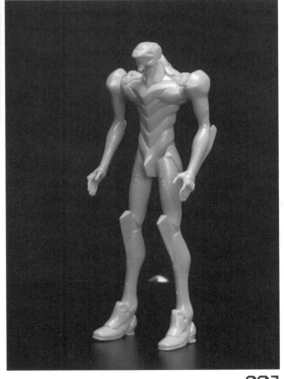

▶ 这是最早的绫波丽驾驶的初代零号机，看到它，屋岛作战的精彩场面仿佛又出现在了眼前。

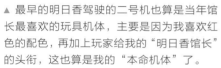

▲ 最早的明日香驾驶的二号机也算是当年馆长最喜欢的玩具机体，主要是因为我喜欢红色的配色，再加上玩家给我的"明日香馆长"的头衔，这也算是我的"本命机体"了。

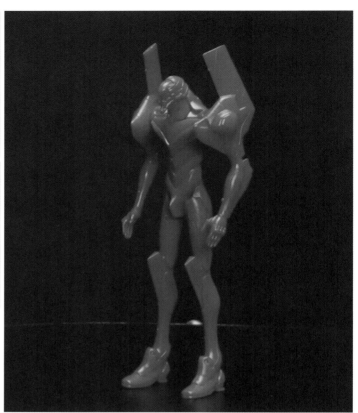

▲ 世界上第一部零号机改。

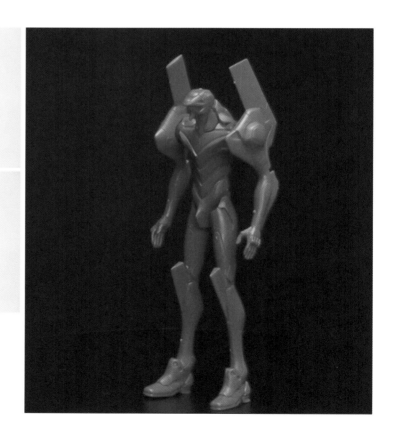

▲ 这是最早的三号机，这部黑色的机体也许只会出现在最早的动画时代吧。

◄ 第三使徒水天使，人送外号"小水"，馆长非常喜欢这款玩具的设计。

 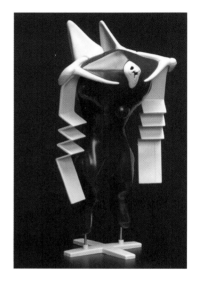

◄ 世界上第一只第十四使徒力天使模型，不得不说这款玩具是真的有排面。在这一模型系列中，它居然享受到了分色的特殊待遇。动画中的它也是极其强悍的存在，最后被初号机暴走虐杀并吞噬，也是一个令所有观众难忘的结局。

◄ 这是当年最早的量产机，在动画剧情中，它给所有"香党"留下了最恐怖的印象。

这一系列正是*EVA*最初的模型收藏，很多小伙伴会觉得很眼熟，是的，这一系列是中国迷友最早的*EVA*玩具回忆！到这里，馆长用自己微薄的收藏补完了我们儿时欠下的*EVA*玩具回忆！也许并没有补完，或许还有更多罕见的*EVA*藏品等待着我们去探索。近30年过去了，*EVA*的玩具依然层出不穷，还是那几个角色，还是那几个机体。也许，只有当你真正理解了原作的表达，才会发现它们的魅力吧。

04

熊的力量！

消失在星际长河的回忆

很久很久以前，在新得克萨斯星球上，有一位机智、聪明、勇敢的警长，他叫布雷斯塔！他具有鹰的眼睛、狼的耳朵、豹的速度、熊的力量，这种能力使他非同寻常。为了维护和平与安宁，他同邪恶力量进行着不懈的斗争！

在遥远的20世纪80年代和90年代，有这样一部神奇的动画，它集赛博朋克、蒸汽朋克、废土朋克于一身，第一次让中国的小朋友们见识了熊的力量！可是多年后，它并没有像希曼、希瑞那样延续至今，它的故事逐渐被人们遗忘！但是，它的玩具却十分稀有，豪华程度堪称当年的玩具天花板，如今也被炒成了天价！它就是《布雷斯塔警长》——这个鼓舞了一代人童年的警长。今天我们一起找寻童年的回忆，探索当年玩具的秘密！

1984年后，如日中天的玩具圈大牌美泰和动画圈大牌飞美逊合作了《希曼》和《希瑞》，显然这是玩具先入为主的一次经典案例，大火之后面临的就是更多人物的加入，主要是反派的加入，不能让主角们闲着不是？一时间，大量的恶棍及怪物设计随之诞生。而在这些设计中，有一个嘴唇酷似灭霸的白胡子老头一眼被飞美逊的总裁看中，一时间，一个充满西部蛮荒色彩的科幻动画在他的脑子里迅速诞生！

▶ 儿时的小伙伴们很难想象布雷斯塔的经典故事竟源于这个星际恶棍特克斯。

随即他把这个角色私藏起来，很快一个全新的美国西部故事成型。西部是"美国梦"的诞生之地，但在《星球大战》之后你不结合点科幻元素是说不过去的，所以这一杂糅题材在当时当地绝对充满了复古情怀。1987年，《布雷斯塔警长》在美国上映！

1990年，长春电影制片厂对《布雷斯塔警长》发起引进并译制，一时间，中国的小朋友们都知道了鹰的眼睛、狼的耳朵、豹的速度、熊的力量，也深深记住了这位保护新得克萨斯星球的警长——布雷斯塔！不怕大家笑话，馆长小时候一直以为他是中国人，后来才知道他是印第安人。在老巫师的引导下，勇敢的布雷斯塔警长熟练掌握了四种动物的超能力，和他的伙伴们对抗贪图资源的星际恶棍们！

▲《布雷斯塔警长》早期动画的珍贵影像。

▲ 勇敢的布雷斯塔熟练地掌握了四种动物——熊、鹰、狼、豹的四种神奇的超能力。

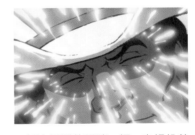

▲ 每次只要他眼睛一闭，电视机前的小朋友们就会跟着喊出一种超能力！

▲ 作为一部给"熊孩子"看的动画，无疑熊的力量是出镜次数最多的！

▲ 这是他的老师和隐藏在剧情中的恋人，很遗憾这两位人物虽然出镜率很高，但并没有出品玩具。

而变形马的形象和他手里的"塞拉炯"更是深入人心！这多亏了我们强大的译制团队，30多年后我才知道变形马原本叫Thirty-Thirty。这一人物灵感源于19世纪70年代的印第安部落首领"疯马"，他率领的部落使用的就是下杆式亨利步枪，也就是塞拉炯的原型。塞拉炯原名叫Sarah Jane，这显然是一个女性的名字，也暗示着变形马将这把武器视为珍宝，但在儿时，这个名字显然没有"塞拉炯"更加拉风响亮！

▲ 变形马拿着塞拉炯，就是当年小朋友心中最强势的正义，给人力量和安全感！

▲ 变形马的原型——印第安部落的首领"疯马"。

而在当年对我来说，这还是一部非常正能量的动画。每集结束后，警长都会告诉年幼的我一个为人之道，也许父母说的我不会听，但警长说的我就觉得很有道理！

说来奇怪，我好像总是记不住儿时动画的最后一集，也不知什么时候警长的故事结束了，几十年间再也没有人提起过他。直到步入发达的网络信息时代，我才发觉当年《布雷斯塔警长》的玩具是如此令人兴奋，在当年还有着划时代的意义！

▲ 每集动画片的最后，警长都会跷着二郎腿说个不停，那时候我很愿意相信警长的话，只是能不能做到就是另一回事了。

▲ 《布雷斯塔警长》早期玩具的广告影像。

在《希曼》与《希瑞》的玩具取得巨大成功之后，美泰对于《布雷斯塔警长》的玩具产品线寄予了厚望！《布雷斯塔警长》的玩具必须要像《希曼》人偶中每个角色一个特殊的机关玩法，还要拥有更多的关节、更大的体量，还要设置超多天马行空的互动配件。8英寸的比例与当年非常超前的玩法让这一玩具线走向了高端，相对售价也比较昂贵。遗憾的是，当年我国并没有引进，所以那时国内的小朋友并没有机会亲见布雷斯塔玩具的全貌。直到现在，由于玩具的发售量很少，绝版的玩具也被一众忠实粉丝捧上了"神坛"，在国内就更加少见了，馆长有幸和大家一同分享这来之不易的收藏。

▲ 这套玩具一共九个人物、两款载具和一个巨大的场景套装。当然，还有当年具有划时代意义的电动配套道具。

这是一盒全新未开的1986年版的《布雷斯塔警长》元年初版玩具。是的，玩具比动画播出还早了一年，它产自中国香港，我可以清晰地看到当年美泰这一高端产品线的包装。为了给观众朋友们展示，馆长已经将这款藏品在视频节目中拆封了，博得了满堂的喝彩。事后才发现，几乎很难再找到元年初版全新未拆的布雷斯塔警长玩具了，那一刻我的心在滴血。

▲ 20 世纪 80 年代，玩具包装开窗越大，证明厂商对自己的产品越自信。包装的一侧绘制了人偶的特色和可动玩法，另一侧绘制了武器配件，背面则是产品介绍与系列展示。

▲ 拆封的瞬间还是很惊艳的，里面的东西很多，红色的内包装非常好看。

▲ 令人惊喜的是，除了主体和配件，还有一张精美的海报。每款玩具配备的海报人物不同，背面则是西部风格极强的新闻报纸，两位通缉犯十分醒目，还配有枪械的广告，非常应景，下面则是附送的漫画内容。

　　警长的人物主体手感厚重细腻，油亮鲜艳的漆面是20世纪80年代和90年代老玩具特有的味道，衣服的纹理和磨砂的手感实在无法通过镜头传达，这一系列多为中国香港地区生产。多年过去了，这种老玩具的分量感、关节的扎实感、头雕等细节的那种手工古拙的痕迹，让我非常兴奋与痴迷。

▲ 人物的主体与全部配件。

▲ 配上武器，美泰顶峰时期的人偶玩具都会呈现轻微弯曲的体态，可以看到警长站直后也会有一个即将拔枪的前倾幅度，只是没有希曼和忍者神龟那样夸张。

▲ 原来警长不戴帽子时长这样，一双鹰一般的眼睛很有亲和力。

▲ 玩具的手感非常好，这得益于素体对人物服装肌理的处理。

▲ 30多年前的"球形关节"。

◀ 配枪可以挂在腿上收纳，非常方便。

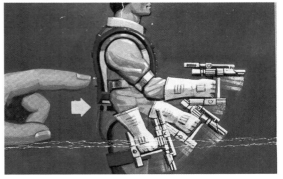

▲ 每款人偶都会有一个特有的可动机关，警长的机关在背面，一按压就会呈现一个抬手拔枪的动作。

看完了主角，我们再来聊一下反派——特克斯。为了让儿童故事更轻松，特克斯并不是一个要征服世界的恶魔，只是一个掠夺当地矿产的星际恶棍。当年，馆长收藏他的人偶时发现了更有趣的故事，正反两位主角的人偶除了前面看到的标准版，还制作了激光套装。现在的玩具如果升级套装，无非就是多一点配件、多一个头雕或者底座，而当年的这款升级套装，居然完全改变了人偶的玩法！可是，这款套装很贵。好在馆长以比较划算的价格买到了一款激光套装版特克斯，这才有机会一探究竟！

▲ 在包装的正面，我们可以看到多了激光设备，而光看背面的说明就已经对这款玩具十分期待了！

▲ 特克斯的素体和警长是一样的，只有配色与穿戴的马甲不同，基础版配件多了一对匕首，可能是为了彰显恶棍的身份吧。

▶ 脱了帽子之后的形象感觉与动画中的形象差距较大，最离谱的是鼻子居然被削掉了，这应该给当年的小朋友留下不少阴影吧。

▶ 玩法的原理非常奇特，红外线从背包的端口发出，打到靶子上，靶子需要镜面贴纸来折射光线，再返回背包，就能引发击中目标的声控系统。这么"先进"的玩法在 20 世纪 80 年代应该是非常前卫的，在今天也非常有收藏价值，这代表了一个时代的玩具和人们对待玩具认真的态度！

除两位主角之外，其他人偶也各有特色，有些角色虽然已经渐渐被我们遗忘了，但是有趣的玩具总可以让我们立刻拾回童年的记忆！

▶ 不知道大家是否还记得沙暴这个角色，一个很酷炫的名字，属于反派中的"二当家"。这个屁股长在头上的家伙可以从嘴里喷出各种造型的沙尘暴，就凭这种非常抽象的设计就知道他的智商并不太高。作为一个无恶不作的惯犯，犯罪成功率几乎为零。

▲ 馆长特别喜欢沙暴的玩具，其特殊机关是一把"水枪"，灌水后只要击中背后的按键，它的嘴里就能喷射出水。广告上是这样描述的，但实际上直接从嘴里喷出的是雾化的水珠。当年小朋友以为拿出去可以当水枪，没想到却是"喷香水"。

▲ 因为体形较小的原因，细毛和烟鬼的随盒配件是载具，可见这一系列每一个人偶的设计都是诚意满满。

◀ 小时候就一直想知道他们摘了帽子后的样子！

▲ 变形马无疑是人气最高的角色之一，而它的玩具则让人大跌眼镜，将载具直接直立就成了一个人物。其形象与动画中的差之千里，对塞拉炯的刻画也霸气全失，是馆长认为 20 世纪 80 年代美泰的超级败笔之一。可这一款人偶又恰巧是全系列中最昂贵、最难买到的一款，成为藏家们心中的一根刺。

　　除去人物，这部动画给人印象深刻的其他设定非常多。你可还记得那个会变成防御状态的新得克萨斯州？它每次变形都让人热血沸腾，在玩具中也有城市组件刻画。

▲ 玩具并没有使城市变形的能力，但有一些机关的玩法，主要还是为人偶搭建场景。

▲ 儿时每次在电视机前就等着警笛响起，一个城市变成一个堡垒，它可比 EVA 还早啊。

场景也好, 载具也罢, 在玩具的刻画上, 馆长特别钟情这款星际马车, 这个代表西部文化的马车能载着你的伙伴在星际中遨游, 实在是太浪漫了!

◀ 马车虽然在动画中出现的次数很少, 但光看外包装的封绘就足以让人热血沸腾!

◀ 整个马车组装起来是一款非常大的载具, 为方便孩童把玩, 设计者在背后设置了握把, 通过握把上的按键可以将车轮收起变成飞行模式, 非常酷。

▲ 警长坐在星际马车上, 威严中又不失浪漫。

▲ 马车前面"星际马"的部分可以单独拆卸, 成为动画中最常见的单人载具。

▲ 车体部分的门窗可开, 扰流板也可以翻起, 可以放置三四个 8 英寸人偶, 让你的警长和伙伴们驾着马车飞向星际, 这一场景可能会让很多看过此片的中年迷友非常感动吧。

1986年，这套人偶与载具填补了孩童对《布雷斯塔警长》这部动画的幻想。然而，美泰并没有就此止步，它在这一系列中继续开发了神秘又刺激的道具玩具，这一玩具的玩法功能在当年算是非常前卫了，也将可动人偶的玩法变得更加多样！这就是《布雷斯塔警长》中最常出现的武器——星际手枪！

▲ 大家可以看出片中无论正派反派，还是男女老少，用的都是同一种类的手枪（除了变形马），枪上刻有一些老派手枪上常见的雕花，西部感极强，造型又极具科幻特色，看起来是不是和星爵的手枪很像？

　　馆长儿时就对这支手枪极其着迷。对西部片有了解的观众都对牛仔之间的左轮手枪决斗印象很深，他们讲究的就是一个你死我活。显然，这在少年动画里是行不通的，所以你会发现这款激光枪可以击退敌人，可以定住敌人，就是不能打死敌人，是真正意义上的"善良之枪"啊！这支星际手枪的道具玩具就比较稀有了，一共有蓝黑两款，蓝色代表正义，黑色代表邪恶，国内十分少见，为了给观众展示玩法，这两款道具都被馆长一口气拆封体验了，真是造孽啊！

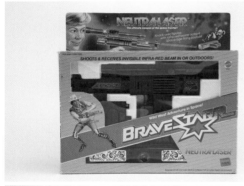 

◀ 通过包装我们可以看到一些玩法展示，而最具时代特征的是当年包装上的所有展示和说明都用精美的插画展示，这样的包装风格在20世纪90年代以后是很少见的。

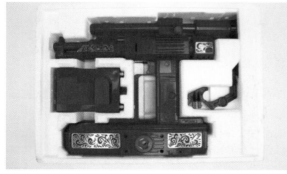 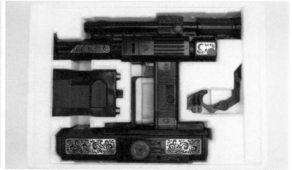

▲ 两款武器的内部板件除了颜色不同，其他都是一样的，你更喜欢哪一款呢？

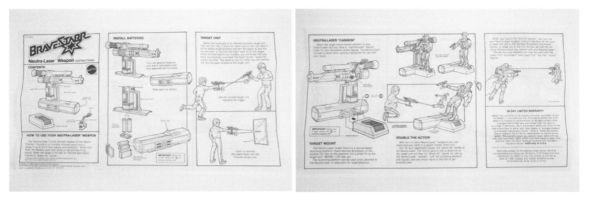

▲ 仔细阅读说明书可以看出玩法大体可以分为三种：玩家与人偶的对战（PVE）、玩家与玩家的对战（PVP），也可以对着镜子自己射击自己。

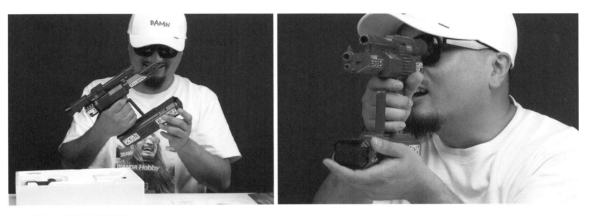

▲ 玩得不亦乐乎的童馆长。

▲ 它的玩法原理是用枪体发出的红外线激发底座上的接收器，再通过底座上的弹射机关将放置在上面的人偶弹飞。由于年代久远，馆长与伟哥测试了很久才成功，那一刻真的无比喜悦，也许只有收藏玩具的大男孩才能理解吧。

▲ 把玩过瘾之后的最终形态就是成为人偶的大炮底座入柜欣赏。

现在看来这套玩具仍旧十分经典，很难想象那些当年就能拥有的小朋友们的喜悦，要是儿时的我们手里能拿着其中一个边摆弄边看动画，那是多么美好啊！那时候我们根本不会在乎它是赛博朋克、蒸汽朋克还是废土朋克，只记得熊的力量可以对抗整个宇宙星际中的黑暗，这就够了。

毫无疑问，这部动画及其相关玩具是非常经典的，动画能给一辈人留下有趣的回忆，玩具也承载着一个时代的人们对于"玩"这件事的追求与憧憬。但是经典也注定有遗憾，《布雷斯塔警长》在国外的收视率并不理想，以至于没有出任何续集，就这样彻底地消失在了20世纪80年代。从此以后，如此精彩的玩具也没有复刻和任何的新品，今天的收藏价格也有点让人承受不起。没办法，《布雷斯塔警长》的玩具实在太少了，做这期视频节目的时候，我甚至担心观众会不会没有共鸣，毕竟今天很少有人知道另一个遥远星际的经典故事了。

▲ 让人赞叹的手艺，惟妙惟肖的还原，居然还能做到全可动！

但故事还是迎来了完美的结局，这期节目不光唤醒了很多人的美好回忆，甚至还引出了手工大咖，他还将自己的作品发给了《玩大的博物馆》，我们终于可以看到还原动画的变形马了！

最后，让我们用儿时每天都会听到的那段精彩的独白来纪念这段星际西部之梦："很久很久以前，在新得克萨斯星球上，有一位机智、聪明、勇敢的警长，他叫布雷斯塔！他具有鹰的眼睛、狼的耳朵、豹的速度、熊的力量，使他非凡超人。为了维护和平与安宁，他同邪恶进行着不懈的斗争，布雷斯塔！"

05

忍者神龟！
这个来自下水道的秘密

说到忍者神龟，你想到的是哪个版本？1987版动画、1990版真人电影、2003版系列动画、2007版动画电影，还是2012版3D动画？

　　忍者神龟的世界太大，版权疯狂外放，画风不停迭代，它鼓舞了几代人，但几代人对它的印象又不尽相同，所以我们今天只能通过光出发的那一刻找到它最辉煌的年代！可忍者神龟的世界又很小，躲在下水道的四只乌龟，长相如此相似，当年是怎么在玩具市场狂卷了10亿美元，一举挺进全美十大玩具之一？它真正的魅力是什么？我们现在就一起探寻这个来自下水道的秘密吧！

　　1984年，一位穷困的漫画家和一位潦倒的打工人在一起涂鸦，他们都是狂热的漫迷，深深地了解美式英雄漫画。在穷困交加之时，他们便创作出了一对以乌龟为原型的变异武士角色！

▲ 最早的忍者神龟草图。

于是，二人继续完善这个以变异为主题的世界，可以说是倾家荡产地出版了漫画的第一刊，不料火遍了全美。从此，凯文·伊斯特曼和彼德·拉特联手，忍者神龟的故事开始了！

▲ 当年闻名 ACG 圈的幻影工作室是二人进行创作的小窝。

《忍者神龟》漫画当年的第一刊初版物成为收藏圈炙手可热的宝贝，它也记录着神龟不为人知的暗黑的一面。通过图片，我们可以看到神龟的对手依然是施莱德，虽然施莱德武功高强，但最终双拳难敌四手，被神龟们围殴了。由此可见，神龟们下手很重，招招致命，让施莱德在漫画的第一集就凉透了。

▲ 馆长非常潇洒地亮出《忍者神龟》漫画第一刊的复刻版，可以看出馆长的右手极力地想要遮挡复刻的字样。没办法，第一刊的初版物在海外二手交易平台动辄上万元的价格让馆长有心无力，我们只好在节目中借助复刻刊物让观众了解一下神龟最初的剧情。

▲ 通过漫画，我们第一次看到神龟不戴头巾的模样，一时有些不能接受。

▲ 给馆长印象最深的漫画片段还是施莱德被干掉的情景。一些细节就不放出来了，当时这部漫画一定不是为儿童量身打造的。

漫画显然不是我们的儿时回忆。20世纪90年代初，广州电视台最先引进了《忍者神龟》动画片，虽然只引进了60集，但是四只乌龟迅速火遍了大江南北！蓝色的队长当时叫达·芬奇，也叫莱昂纳多，使用双刀，是最没性格的一个。红色的是拉斐尔，使用铁尺，脾气火暴。米开朗琪罗头戴黄色头巾，手拿双节棍，玩滑板，开派对，是当年潮流时尚小青年的写照！使用紫色棍子的叫多纳泰罗，因为他太爱搞科研，还被翻译成了爱因斯坦！四个激变的神龟在大耗子斯普林特老师的调教下暗中保护着这座城市！这便是最著名的1987版《忍者神龟》，但在动画上映之前，玩具早就进入市场了！

▲ 这是当年我不知道看了多少遍的1987版《忍者神龟》的片头，达·芬奇和多纳泰罗在我们长大后却不见了。

其实在没有动画的当年，各大品牌都没有看中这一暗黑怪异的漫画题材！除了一个名不见经传的香港玩具厂——Playmates！彩星！一个做娃娃的公司！谁也没想到这一决定竟使它成了玩具界的一线大牌！当初最早的玩具设计并不顺利，很多奇怪、恶趣味的人物设定并没有通过，甚至最早的神龟还有尾巴。最终，由希曼的设计师马克·泰勒亲自操刀，诞生了第一套10个人偶！

▲ Playmates 制造的发声娃娃远销海外。

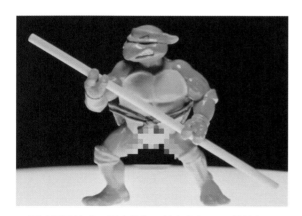

▲ 通过纪录片《玩具之旅》，馆长得知最早的神龟玩具的头巾颜色一样，神龟还长着小尾巴。从背面看，尾巴十分可爱，但从正面看需要打码。

▲ 马克·泰勒是馆长最喜欢的美系玩具设计师之一，最经典的设计就是《希曼》中的反派骷髅王，忍者神龟的项目多亏了他来救场！老先生在 2022 年年初逝世，馆长很怀念他，也怀念他的创作，感谢他为全世界热爱动画和玩具的孩子们做出的贡献。

▲ 馆长第一次在节目中亮出第一套十个人偶的时候，勾起了无数迷友们的回忆。

　　和《希曼》的玩具设计一样，人偶基本都是屈臂屈腿的半可动设计。和动画不同的是，四个神龟的头雕依然采用漫画的版本，肤色也略有不同。斯普林特老师的皮毛肌理刻画明显，手感和《超能勇士》玩具的十分接近，眼睛直接呈现一个大白眼，非常吓人。施莱德是一个功夫起势的姿态，大脚福特兵的设计是马克·泰勒花了心思的，将它们的体态改成了垂手驼背的丧尸状，让人印象更加深刻。牛头、猪面一对好兄弟，它们从未分开过，是彼此

的"第二杯半价"，也是馆长第一批人物中最喜欢的一对组合。而女记者爱普莉尔作为唯一的女性，则被当年的玩家评为神龟玩具里最丑的人偶。最早的这批人偶也分为"软头"版和"硬头"版，出于安全考虑，在市场上流通的PVC "硬头"版相对较多，也更易收集。近几年虽然也出过一些复刻品，但材料的应用和漆面的处理很少有当年厚实亮丽的感觉，所以硬核玩家还是会选择收藏当年出品的玩具。

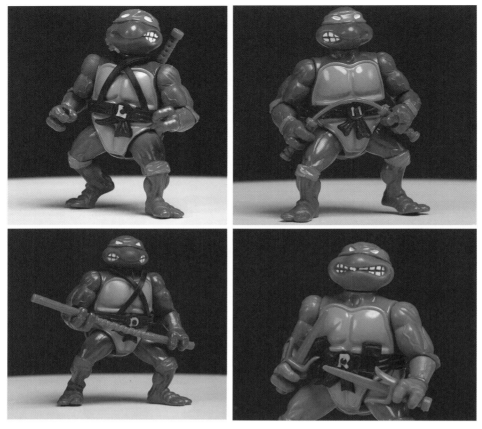

▲ 儿时的我购买的忍者神龟玩具多是盗版，长大收齐正版之后，发现它们皮肤的颜色还是有较大区别的。由于儿时的我并没有看过漫画，还曾觉得神龟的玩具头雕和动画相差太多，看着更像反派。不过，在儿时能有一个玩具已经非常不错了，我当时拥有的神龟玩具是拉斐尔，你还记得你拥有的是哪个吗？

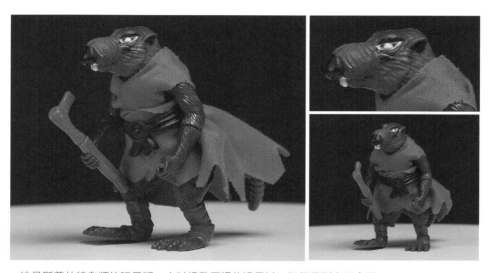

▲ 这是斯普林特老师的玩具版，小时候我压根儿没见过，即便见到也不会买。

◀ 施莱德是我儿时非常喜欢的反派，他和威震天、骷髅王、眼镜蛇指挥官并称"四大天王"！儿时看他们作恶多端，但始终对他们恨不起来，这就是经典的魅力吧！而馆长当初收到玩具之后并不能理解其半可动形态，直到看到设定稿才恍然大悟。

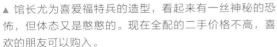

▲ 馆长尤为喜爱福特兵的造型，看起来有一丝神秘的恐怖，但体态又是憨憨的。现在全配的二手价格不高，喜欢的朋友可以购入。

▶ 牛头和猪面绝对是《忍者神龟》里馆长最喜欢的角色了，他们是故事中的搞笑担当，样子也非常酷。儿时我第一次在上海的第一百货公司大楼的六楼看到它们的玩具时，就被深深吸引了。无奈我那次去那里是要缠着父亲买太空堡垒玩具，只能作罢，没想到太空堡垒玩具最后也没买成。

◀ 爱普莉尔我没什么好说的，大家自行对比一下动画中的形象吧，她的玩具在海外二手市场是最便宜的。

　　和所有的可动人偶一样，载具也是忍者神龟玩具的重头戏。馆长在视频节目中错把龟车说成了新闻车，主要是因为老玩家一直叫这个第一辆神龟载具为"新闻车"，毕竟这是神龟们的精神元素。而在我看来这辆载具唯一的缺点就是过于简单了，和反派大脚帮的动力钻地车对比非常明显。神龟的这辆钻地车有着极强的视觉记忆点，玩具也有各种联动和玩法，是馆长最喜欢的神龟载具之一。

▲ 随后两年出品的动力钻地车丰富了很多，也是馆长最喜欢的神龟载具，现在市价比较高，在国内几乎很难看到。物以稀为贵，搭配上可爱的反派们有一种游行花车的感觉，这两个载具也是动画中最常出现的。

但最受玩家群体追捧的还是克朗的老巢——科技球，这属于超大型载具了，当年在国内很少有人见到，所以当今也是迷友之间的抢手货！而馆长的这个载具丢失了很多配件，并没有多少收藏价值，可是一旦它和人偶互动起来，还是能让人感受到不少乐趣。

说回人偶，第一套玩具面世后，配合动画的成功，在美国市场形成了哄抢状态，传说当年很难在大型超市或玩具商城找到现货。在这种局面下，开发团队选择加入更多的人物并将其玩具化，据说每周都会有新的人物面世，且多是变异角色，后续的新角色少有人气高于第一套的。

▲ "朗格"的科技球基地应该是神龟载具中最昂贵的一个，它确实很好玩，馆长并没有全配的版本，只能用来和人偶做一些互动场景。玩得开心最重要，就不追求完美了。对了，"朗格"是当年错误的翻译，正确的应该是"克朗"。

▲ 后续人物中，终极反派克朗绝对是设计得最棒的人物，这个人物非常深入人心，玩具分大小版。由于深深的"挂卡情结"，馆长选择了小版的评级货，AFA 黑标 85 分以上的克朗在国际上也不多见。

▲ 绝大多数角色都以生物变异为主，无奈彩星的神龟玩具在当年很少被引进，这些造型奇特、异想天开的人偶并没有在我们的童年里出现过。

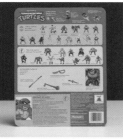

▲ 当时彩星的挂卡也非常漂亮，秉承着 20 世纪八九十年代一贯的传统，有正面人物封绘、主体、配件、背面产品系列展示、人物卡和活动卡。只是神龟挂卡的 PVC 特别容易发黄，各位迷友收藏的时候要多注意！

后续其他角色的销量远不如第一批的十个人偶，确切地说远不如四只乌龟，那么开发团队如何凭借几个雷同的人气角色创造了玩具史上的商业奇迹呢？那就是当今潮玩常见的方法——cross（融合跨界）、联名。不同的是，不仅仅是简单的换皮，还有相应的玩法设计，体育题材的神龟可以通过可动弹射进行体育比赛，变形系列的神龟可以和变形金刚一样变成隐藏形态，设计之巧妙、流程之顺畅完全不输当时如日中天的变形金刚。

◀ 体育题材的四只神龟身上都有机关按键，可以通过弹簧来实现投篮、射门、击球、抛球等动作，从球衣的号码上也不难看出它们对球星的各种致敬。

◀ 一些具有美国本土文化元素的玩具。

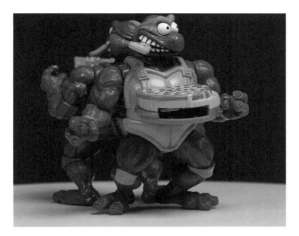

▲ 具有各种弹射功能的比赛玩具。

▲ 这是丑娃的联名款，如今全新的收藏品已经比较少见了，馆长非常喜欢。

◀ 神龟有不同的机关，有的能喷水，有的能旋转武器。这也说明神龟的玩具不一定非要原封收藏，能时常拿出来把玩也许更有乐趣。

▲ 到了后期，设计者居然对变形金刚"下手"了。你别说，变形的流程创意毫不马虎，斯普林特老师和施莱德的设计想法非常棒！有兴趣的朋友一定要买来尝试一下。你以为光角色会变形吗？不，连载具都能变形，你们在儿时见过这款玩具吗？

几年时间，在美国本土文化、流行文化中几乎都能看到神龟的影子，影视、体育、各种娱乐文化，甚至本土历史题材都有配套的玩具，大家可以从四只生活在下水道的没什么见识的乌龟身上看到大千世界，这才是神龟精神最真实的写照。而在馆长的收藏中，这种精神写照最强烈的一套藏品便是阿波罗登月25周年联名纪念款。它产于1994年，本身产量不多，加上全套评级，在世界范围内还是很少见的。在我看来，它的价值不在于稀有，而是四只"井底之龟"登月的意义让我感动，也让我振奋！这时候，玩具本身的玩法细节对我已经不重要了！馆长一直坚信，好的玩具是可以记录精神、记录时代的！

▲ 虽然已经是 1994 年彩星出品的后期产品，但依然能排进馆长最喜欢的十佳收藏之一。如果你并没有参透这一玩具的妙处，就不建议收藏了。四只乌龟全部是同模换色，背面可以看到后期的产品非常多，人物卡上有阿波罗 11 号的标识。

　　在如此火爆的市场，神龟以不同的形式给我们留下美好的童年回忆。1989年之后，Konami（日本游戏软件商之一）相继推出了8位机《忍者神龟》系列游戏，其中我们最熟悉的就是二代和三代了，它们是以大黄卡的形式出现在我们生活中的。在当年，神龟的游戏在漫改作品中算是非常成功的了，那么如何判断它有多成功，就看现在正版游戏在二手市场的价格和稀有度。当年的正版美版NES卡带在国内很难收齐，也是市面上最具收藏价值的神龟游戏。国内玩家接触一代较少，该游戏节奏沉闷，难度较高。二代为街机移植版，变成了单纯的清版游戏，也是最简单的一种，是馆长接触的第一款神龟游戏。三代是当年最受小朋友欢迎的游戏，游戏的开场完美地还原了动画的片头，代入感极强。因为有互伤的设定，所以双人游戏玩起来乐趣十足。我记得儿时和表哥一玩就是一个下午，反复通关，百玩不腻。四代变成了格斗游戏，机能体验和街机的感觉很相似，只可惜馆长并没有收藏到当年出品的正版游戏。

▶ 馆长很难坚持通关一代的游戏。

▲ 虽然 Konami 是日本极具影响力的游戏制作公司，在 FC 平台上发售了日版，但儿时大黄卡多是美版的内容，而且神龟为美产 IP，馆长认为更难收齐的美版 NES 卡带更具收藏价值。

▲ 二代街机移植版是馆长美好的回忆，是我拥有的第一款神龟游戏，现在都还清楚地记得发招方式和各处的机关。

▲ 馆长儿时家中并没有三代的神龟游戏，但表哥有，我的回忆中全是在表哥家双打并"算计"表哥的画面。

　　当年《忍者神龟》这个强大的 IP 不止有人偶玩具和游戏，甚至不止彩星一家玩具商开发它的产品。Remco 早期是一家非常著名的美国本土玩具公司，诞生于 1940 年，馆长认识它是从 20 世纪 90 年代的可动人偶开始的，后来它在 1997 年被收购了。

▲ Remco 是当年美国极其著名的玩具品牌，只是现在很多年轻迷友并不了解当年美系玩具的魅力，所以这一品牌鲜为人知，不过它的光辉岁月你也可以从这些产品中窥得一二！

　　在1990年，Remco出品了当时最大的神龟桌面玩具，完全由美国制造，所以国内的藏家们很少知道如此冷门的超大型藏品。它共有12个模型人偶，可以成为球员参与游戏！超大的球场非常厚重，明显是考虑到了"熊孩子"的破坏力！在视频节目中，我和伟哥展开了一场别开生面的对决，玩下来感觉收藏意义大于使用价值，因为它实在太难操作了，无论进攻和防守都没有传统的桌面足球顺畅，当年的小朋友应该也会十分后悔购买这么一款巨大的中看不中用的娱乐设备吧。

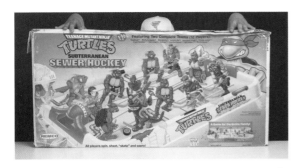

▲ 在节目中，馆长展示了这款当年最大的《忍者神龟》玩具，和馆长对比，不难看出它的体积，也可以猜想到昂贵的国际运输费用。

▲ 包装的背面看上去非常复古，十分有上手操作的欲望。

▲ 打开包装，取出主体，材料非常厚实，盘面采用的是颗粒磨砂感极强的 PVC，手感极佳，走球顺滑。

▲ 和伟哥的对决，馆长惜败。我们可以看出棋子刻画得也相当精致，非常具有收藏价值。

　　看过了最大的神龟玩具收藏，我们再来看看最小的神龟玩具。20世纪90年代中期，一股迷你风浪潮侵袭玩具圈，受迷你先锋的影响，从不落伍的神龟也开始迷你化。虽然很多产品并没有被引进，但很多迷友童年时都见过这款迷你龟车基地，它十分小巧精致，变形收纳也十分合理。相比之前的玩具，当今这一系列已经比较便宜了，但还是有类似迷你飞机基地这样紧俏又昂贵的藏品。

▲ 很多朋友都知道迷你先锋、万能麦斯与神龟的迷你基地系列如出一辙。

迷你系列之后，神龟的玩具开始走向下坡路，这期间也出现过真人电影和真人电视剧等各类作品，人们对它们的评价褒贬不一。直到2003版动画出现，神龟的故事开始进入一个新的轮回。之后的故事，年轻的朋友们已不再陌生，只是神龟再也没有创造出以前巅峰期的辉煌神话，也许是时代不同了吧。

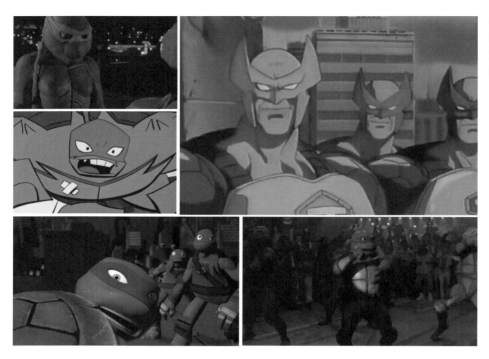

◀ 神龟的作品层出不穷，周边也授权无数，这里也有你的经典回忆吧？

但是，神龟却给了我们相同的回忆，是神龟让很多原本陌生的人走到了一起，是玩具让我们成为朋友。一个小小的玩具，让我结识了收藏圈的好多迷友，这是收藏神龟给我带来的最大财富。神龟的世界那么小，但让我们看到的世界那么大！

◀ 这是馆长与成都玩家——ACTOYS论坛忍者神龟区前版主老王的合影，感谢老王对馆长在神龟玩具领域探索的帮助！

06

燃烧吧！

小宇宙的回忆

还记得暑期盛夏的夜晚吗？当你遥望星空，能否找到那个你最喜欢的星座？

沙加与撒加的"最强黄金圣斗士之争"已经持续了几十年，至今仍没有定论，只是当年吵得面红耳赤的小朋友已经成了带孩子写作业的家长。作为家长之一的我，为了弥补圣斗士带给我的"童年债"，花了很多"冤枉钱"。但还是要感谢《圣斗士星矢》，原因有两点。第一，2019年一篇关于儿时圣斗士玩具的视频让B站的几十万模玩爱好者知道了我的节目，我第一次意识到玩具可以让我和无数人的情感发生共鸣，让我在最困难的时候有勇气坚持下来。第二，这也是我人生中接触到的第一部漫画故事，当年琳琅满目的圣斗士周边玩具成了我苦苦探寻的回忆，为我的玩具收藏种下了种子。今天，大家在玩具圈只能看到圣衣神话系列，而在30多年前，那可就热闹了！

▲《少年JUMP》周刊首次刊登《圣斗士星矢》。

　　1985年，《圣斗士星矢》漫画正式在《少年JUMP》周刊上连载，一时间，星座、圣衣、小宇宙、第七感这些新奇的元素立刻俘获了小朋友的心。个性鲜明的主角团"五小强"，总有一位是你的最爱。随着打怪升级，更高阶层的圣斗士、更多的势力、更宏大的战斗，让人大呼过瘾！尤其最后《冥界篇》中十二黄金圣斗士的牺牲，让几代人热泪盈眶！

　　馆长第一次接触圣斗士是从同学手中借来的薄薄的圣斗士漫画，这便是"80后"整整一代人的回忆——《女神的圣斗士》，五本为一卷，共九卷，印刷和翻译在当年也是相当精良。这可能是国内小朋友最早看到的日本漫画，我记得1.9元一本，一卷共9.5元，在当年并不算昂贵！而小朋友打着"读书"的幌子让父母买也更容易成功。馆长记得当时小学时，如果谁的课桌里不藏两本漫画，下课后是根本没有谈资的！之后《七龙珠》《北斗神拳》《城市猎人》《乱马1/2》等相继出现在我们的世界，它们是那个时代特有的印记，也见证着我们的往昔。

▲ 长大了才知道原版的漫画书长这个样子。

　　很快，《圣斗士星矢》的动画被引进国内，对于当时的小朋友来说，晚餐时看完一集圣斗士动画才算过了完整的一天。由于作画导演并不是车田正美，所以在故事设定上也有一些区别。在当年，作为漫画党"死忠粉"的馆长甚至还有点不能接受，因为我凭借漫画在班里预测的"下集预告"准确率很低，让我很没面子。可没办法，作为孩子还是会被动画深深吸引，但比圣斗士动画更吸引馆长的是圣斗士玩具的广告！

▲ 当年的动画片尾都会展示相应的玩具，《圣斗士星矢》在各个地方台播放广告的情况各有不同，让儿时的馆长大开眼界。

　　不久，在玩具摊上出现了圣斗士的玩具！星矢、紫龙、冰河、一辉、阿顺，"五小强"一应俱全，里面的东西完全不知道是什么样子！无奈，家长就是不给买，买书可以，买玩具就是另一种性质的问题了。它们如同潘多拉的魔盒，深深地吸引着我。直到有一天，一个争气的小伙伴因为考试成绩优异，收到了一个冰河玩具！当在众目睽睽下开箱之后，所有人都震惊了！它居然是拼装玩具！冰河的圣衣为电镀材质，闪闪发亮！拼装的过程看得我们如痴如醉！完成之后，可动性居然可以媲美当时的硬通货玩具——《特种部队》霹雳人！大家不禁赞叹：这款玩具真好啊！在当年，我为了也能获得自己的圣斗士，加大了学习的强度。结果，期末考试成绩还是不尽如人意。

▲ 这一系列的"五小强"拼装玩具诞生于 1988 年，出自万代，产地日本。国内最早出现的圣斗士玩具便是在 20 世纪 90 年代初对这一系列的翻版，相信很多"80 后"迷友并不陌生。图中展示的是万代正版的银猫贴初版，版本的不同决定了稀有度和价格。这个版本在二手市场也不多见了，工艺和漆面还是比较精良的。

▲ 打开冰河的内包装，闪亮的电镀漆面瞬间吸引所有的青少年，在 20 世纪 80 年代和 90 年代，闪亮的电镀玩具如同弹射功能一样吸引着我们。

▲ 馆长给大家展示一下盗版的紫龙，盒内的全新品是当年正版的紫龙初版，二者的漆面颜色有很大差异，很容易辨别。

▲ 当年能够集齐"五小强"的少年，在院里的威望极高。

考完试，迎面而来的就是暑假，又到了举家回上海探亲的时光，那是我每年最期待的南下之旅，因为每年回沪我必能从许久未见的亲戚长辈手里斩获不少玩具，这回拥有圣斗士玩具有望了！

还记得当年南京路的上海第一百货公司大楼的六楼是玩具专柜，总是有比北方城市更新、更潮的玩具，我的变形金刚、忍者神龟基本都是在这里入手的。而这次的到来，让我彻底感受到了大上海的繁华！柜台上不光有"五小强"，还有黄金圣斗士的拼装玩具。当时我的印象非常深刻，一个玻璃柜台里摆满了黄金圣斗士，我犹如走进了宫殿，被这金碧辉煌迷失了双眼！无数小朋友渴望的脸被映射得金光闪闪！当多年后我再度集齐它们，才知道它们并不是可动的，还好当时我的父亲任凭我怎么哭闹都没有给我买。

▲ 很难找到当年商场圣斗士专柜的照片，只能通过馆长拓印的一些当年的玩具广告来感受氛围了。

▲ 当年十二黄金圣斗士的拼装玩具依然来自万代，1987 年生产于日本，在当年看来包装极其精美，同样，拥有银猫贴标的日版初版仍然非常具有价值，比较少见。其他的版本非常便宜，想要怀旧的朋友不要错过。

◀ 打开包装，内包装的东西在当年的拼装玩具中也算十分高级了。

▲ 当年就是这么一组玩具摆在柜台里，闪瞎了我的双眼。因为不可动，所以拼装的过程也非常简单。20 世纪 80 年代，万代的拼装产品的工艺和牢固度还是很不错的。

▲ 白羊座：穆

▲ 金牛座：阿鲁迪巴

▲ 双子座：撒加　撒加人偶是这一系列中唯一拥有可动关节的，盒子也比其他人物的大一些。

▲ 巨蟹座：迪斯马斯克

▲ 狮子座：艾奥利亚

▲ 处女座：沙加

▲ 天秤座：童虎

▲ 天蝎座：米罗

▲ 射手座：艾俄洛斯

▲ 摩羯座：修罗

▲ 水瓶座：卡妙

▲ 双鱼座：阿布罗狄

▲ 这是 1987 年后期出版的 Full Action 全可动拼装圣斗士，非常少见，当时应该没有被引进国内。

其实在1987年，万代出品了一些圣斗士的高级拼装玩具，将一些热门人物做成了全可动玩具，弥补了黄金圣斗士不能动的遗憾，幸亏在儿时并没有看到，不然那还得了！

然而，这次"圣域之旅"真正震惊我的是另一种更"夸张"的圣斗士玩具——圣衣大系。20世纪80年代末，日本玩具商万代开发了拼装圣斗士玩具，因市场反应平平，便迅速调整了策略，研发了名为"圣衣大系"的成品可动模型系列，几乎囊括了全部参战角色。可动的设计在当年虽然算不上优秀，但是合金材质的圣衣却具有里程碑的意义。这真实的圣衣质感让无数的圣斗士迷友爱不释手，深受日本国内外迷友的追捧。而对于当年国内的小朋友来说，高昂的价格让人望而却步。

当年十二黄金圣斗士的圣衣大系玩具对我们来说是一个遥不可及的目标，直至今日，我实现了儿时的梦想，虽然圣衣早已斑驳，形体和面雕在现在的年轻迷友眼中是那么可笑，但这是我儿时心目中的高峰，是很多圣斗士迷友儿时的梦。那一年的暑假，我仰望星空，不停地寻找着我最喜欢的星座。

▲ 圣衣大系的十二黄金圣斗士是在拼装版面世后第二年上市的，同样产自日本，万代这一产品线的诞生无疑是跨时代的，为日后圣衣神话系列、Armor Plus 系列打下了基础。

▲ 白羊座：穆，1988 年产于日本，封面上采用的是车田正美漫画风格的人物彩绘。

▲ 打开包装，可以看到人形终于有了分色处理，全身有16 处可动，圣衣部分的塑料与合金部分现在已经非常容易识别了，岁月褪去了锌合金的电镀部分，而塑料却得以保存。

◀ 开创性的玩具系列总会有一些不尽如人意之处，圣衣大系最大的问题便是金属圣衣插桩与 PVC 素体插槽的适配度不高，常常由于金属过重发生脱落和掉件，大大降低了体验感。

◄ 金牛座：阿鲁迪巴，由于节约成本，素体模具都是统一的，阿鲁迪巴并没有比别人更魁梧，但是通过对圣衣胸甲、头盔等部件的处理，其体态看起来还是十分威武雄壮的。

◄ 双子座：撒加，非常遗憾，儿时的圣斗士玩具并没有对撒加进行刻画，素体的头雕用阴影遮住了眼睛，还原的是在双子宫那个神秘的幻象。

▲ 巨蟹座：迪斯马斯克，熟悉圣斗士的迷友都知道"水产二人组"是最不入流的黄金圣斗士，销量应该一般，但生性反派的迪斯马斯克居然是这一系列中头雕刻画得最好、最为正义的一款。

▲ 狮子座：艾奥利亚，不愧是原定的主角，头雕和星矢完全一致，圣衣比例也完全贴合，把玩起来十分顺手。

▲ 处女座：沙加，沙加与撒加的"最强圣斗士之争"已经持续了几十年，至今仍没有定论，现在回头再看，两位黄金圣斗士都是对剧情起到重大推进作用的人物，究竟谁武力值更强，已经不重要了。

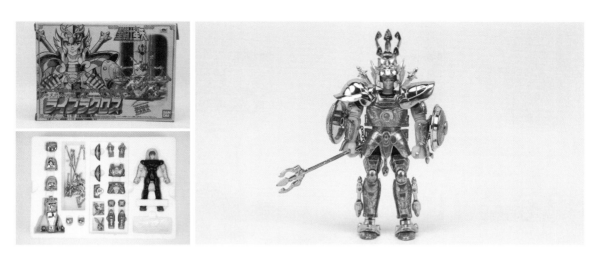

▲ 天秤座：童虎，我的本家！我差一点给儿子起名叫童虎，至今我还记得漫画中的众神假死之术带给我的震撼！天秤座也是雅典娜批准使用武器的圣斗士，所以它的玩具一定是儿时的性价比之王！只是现在看来，从封绘到头雕，对童虎面相的刻画似乎有点"糖分超标"了。

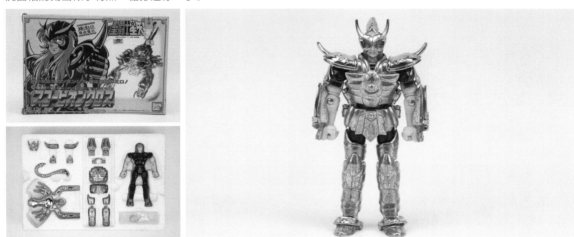

▲ 天蝎座：米罗，这是我第二喜欢的黄金圣斗士玩具，只是玩具，不是故事中的人物，因为人物在故事中并没有什么太亮眼的表现，在剧情中也是可有可无，武力值也不出众。但是我为数不多的圣衣神话玩具中就有米罗，有时候喜欢一个人没什么特殊原因。

▲ 射手座：艾俄洛斯，馆长就是射手座的，作为最忠贞的圣斗士老大哥，它拥有极其浮夸的翅膀，也是儿时的我们首选的玩具。

▲ 摩羯座：修罗，这是馆长最喜欢的黄金圣斗士，它是体术最强黄金圣斗士，手臂像圣剑一样锋利，也是执行力最强的圣斗士，过于愚忠，最后与紫龙升天同归于尽时终于觉悟，并将圣剑送给了紫龙，保住了紫龙的性命。馆长喜欢它只是因为它的圣衣比较干练，招数比较简单。但圣衣大系的这款修罗太让我失望了，你看它的眼神，是在还原它不太聪明的样子吗？

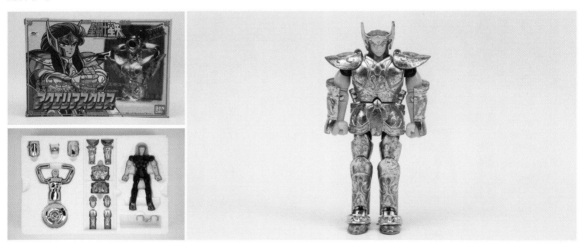

▲ 水瓶座：卡妙，冰河的恩师，是我比较无感的一个角色。

▲ 双鱼座：阿布罗狄，"水产二人组"之一，是圣斗士中相貌最美丽的角色，如果车田正美看到万代圣衣大系是如何用眼神定义"最美丽"的设定，应该会被气死吧。

在馆长开始系统性地收集圣衣大系玩具之后，发现万代还出品了更大体量的DX版本。这是动画片初期"安全帽"圣衣的版本，无论头雕还是可动关节都更先进一点，今天非常少见，价格多上千。

海外也曾发行众多的欧版圣衣大系产品，它们的质量非常好，加上早期欧美的一些圣斗士真人作品，我很难想象外国人对圣斗士的儿时回忆是什么样的。

◄圣衣大系DX版本的星矢与紫龙，即便是DX版本，也难逃金属圣衣氧化的厄运，所以品相好的玩具在市面上并不多见。

▲ 欧洲版本的圣衣大系产品，做工堪比邪神。

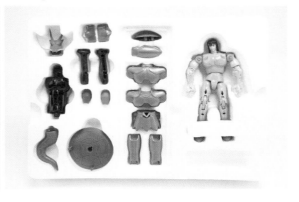

◀ 配合早期一些公开与未公开的欧美圣斗士影视作品，手里再拿上欧版圣斗士玩具，这体验真的无敌！

看到这里，观众们都会好奇为什么馆长在节目中和书里都只展示黄金圣斗士？因为十二黄金圣斗士确实代表了原著故事中最荡气回肠的内容。无论勇闯十二宫，还是在对战海斗士中为圣衣赋能，又或是《冥界篇》中牺牲小我成就大我的精神，都是关于圣斗士最可歌可泣的回忆！还有一个原因是，黄金圣斗士的玩具在馆长儿时非常吃香，但少有家庭能够让孩子如愿。虽然当年在玩具上没有得到满足，但是我拥有了很多同龄人没有的宝贝——圣斗士游戏的大黄卡。

1987年，万代在圣斗士大热的时期，在FC家用机平台下开发了闯关类游戏《圣斗士星矢：黄金传说》，而我们更熟悉的是它的续作《圣斗士星矢：黄金传说完结篇》。儿时的我还是第一次接触这种RPG（Role-playing game，角色扮演游戏）+清版游戏，十分兴奋，但它更像是猜谜游戏，因为全是日文，剧情按键基本靠猜。兄弟们还记得开篇的密码吗？随着信息时代的到来，当年的正版游戏也可以轻松地在网络上找到了，只是蹲一个好价格还需要些时间，我在说明书里还是看到了很多儿时的秘密。

▲ 这一成色的早期大黄卡相信市面上已经不多了。"80后"大黄卡插小霸王的快乐，是现在在手机里的方寸世界体会不到的。

▲ 这是1987年黄金圣斗士的第一部FC卡带，当年国内能玩到的朋友并不多。

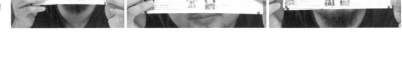

▶ 1988 年的 FC 第二部作品《圣斗士星矢：黄金传说完结篇》则是一代迷友的回忆，剧情就是"五小强"勇闯黄金十二宫拯救雅典娜的故事。

　　后来，圣斗士慢慢淡出了我的视野，更多更新的漫画作品让我逐渐觉得车田正美的画有些古拙，剧情也很单一。也许，只是我逐渐褪去了少年气。

　　直到2002年，沉寂了十几年的圣斗士忽然将儿时的遗憾《冥王篇》以OVA（原创光盘动画）的方式搬上了荧幕！一首片头曲《地球仪》如今仍耳熟能详，凄美地演绎了这十几年的离别，三部曲的高潮绝对是十二黄金圣斗士牺牲自我突破叹息之墙的情景。这让无数的迷友洒下了热泪，重新燃起了沉寂已久的小宇宙！随即，在2003年，万代开发了影响至今的圣斗士玩具——"圣衣神话"系列。经过设计与技术的革新，圣衣神话摆脱了圣衣大系臃肿的体态、松散的穿戴结构和邪神的面雕，人偶从结构到可动已经初具近代可动人偶的特征，圣衣的穿着也更加细腻。这一系列一直不停地革新了20年，经过了多次迭代，繁衍了多个版本，我们可以清楚地看到从第一版紫龙到最新一版紫龙发生的变化。尽管圣衣神话的售价依然高昂，但已经长大成人的我们怎么会放弃圆梦的机会？

▶ 这是圣衣神话系列最初的"五小强"产品，这么多年过去了，当年刚面世时，迷友们兴奋无比的场景仍历历在目。相比现在的 EX 圣衣神话，当年的玩具还是侧重于把玩，造型远不如现在。在今天，这一系列玩具的价格也非常便宜，有童心的玩家朋友们可以入手。

▲ 这是执笔为止最新的"五小强"，来自动画安全帽造型的重生系列，无论身形还是面部刻画都极其还原，大家可以通过对比感受圣衣神话这一系列的变化。当然，价格也是水涨船高，目前这五人中最难收的是一辉。

　　回到这一切的起点，在馆长的回忆中，有一件另类的玩具，就是天马座的圣衣，是我关于整部作品梦开始的地方。那是馆长儿时在电视广告里看到的情景，是最模糊而又最深刻的回忆，我已经记不清年幼的自己到底是想成为圣斗士一样的英雄，还是想拥有一件圣衣。所以我为这段回忆特意做了一期节目，观众们也是在嬉笑中回忆起了一份感动。最终，我找到了这件藏品，原来，它只是一套有着天马座外形的生存游戏设备。

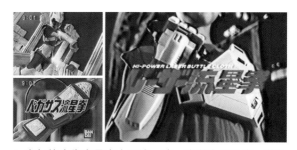

▲ 当年的广告真是害人不浅，我一度以为是圣衣，苦苦地找寻了很久。

▲ 万代在 1987 年出品流星拳对战套装，除了广告唬人，包装也很唬人。从操作指南看，这和天马流星拳到底有什么关系？竟唬了我 30 多年。

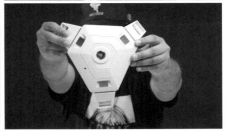

▲ 打开包装，内部结构非常简单，由护臂发射器和胸甲接收器组成。

▲ 30 多年过去了，接上电池，调试一下依然能玩，老玩具的质量真好！就是和人有点难以适配了，胸甲显得格外紧。

▲ 一不做二不休，有了这套圣衣的部分配件，我们动手将它补完整！馆长在节目中狠狠地 cosplay 了一下 30 多年前的星矢，原本看到这里已经感慨流泪的观众瞬间感觉心中一阵刺痛。

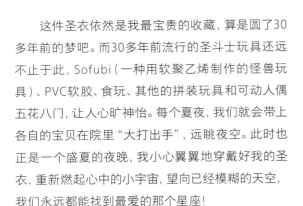

这件圣衣依然是我最宝贵的收藏，算是圆了30多年前的梦吧。而30多年前流行的圣斗士玩具还远不止于此，Sofubi（一种用软聚乙烯制作的怪兽玩具）、PVC软胶、食玩、其他的拼装玩具和可动人偶五花八门，让人心旷神怡。每个夏夜，我们就会带上各自的宝贝在院里"大打出手"，远眺夜空。此时也正是一个盛夏的夜晚，我小心翼翼地穿戴好我的圣衣，重新燃起心中的小宇宙，望向已经模糊的天空，我们永远都能找到最爱的那个星座！

07

天空战记

遗憾的回忆

几乎所有的『80后』和『90后』都知道铠甲三部曲《圣斗士星矢》《魔神坛斗士》和《天空战记》！它们陪伴了我们懵懂又热血的青春！我们要为铠甲三部曲画上圆满的句号！《天空战记》——30多年前构架的天空界为我们带来了无限的感动，也带来了深深的遗憾！它的玩具更为馆长的童年留下了谜团——为何一代经典铠甲三部曲只有《天空战记》再无后续？为何30多年前我们永远无法凑齐八部众的玩具？在光出发的那一刻！我们永远无法忘记那句——『伊莫拉萨』！

1989年，在当时的日本儿童群体中，最火爆的有两样东西——四驱车玩具和铠甲风动画！虽然在我国《天空战记》要先于《魔神坛斗士》，是第二部传入我国的铠甲风动画，但是它在日本是三部曲中最后面世的一部动画。

▲ 这是馆长收集的海报复印品，《天空战记》的原画设定和插画极其淡雅脱俗，人物高挑俊美，极具魅力。

在东映的星矢与日升的真田辽的带动下，龙之子受邀开始了《天空战记》的创作。故事讲的是高中生一平和黑穆凯被召唤到天空界，成为八部众中的修罗王与夜叉王，二人在天空界继续战斗并保护世界的故事。虽然一句话就讲完了剧情，但是其设定丝毫不输《圣斗士星矢》与《魔神坛斗士》！

三大主神构成了作品世界观的核心，它们是创造、调和和毁灭。主角团披荆斩棘，协助慧明大师，最终消灭代表毁灭的湿婆，从而守护天空界，也间接保卫了人间。主神之下便是天龙八部等，而八部众就是贯穿全片的线索。

是不是儿时的记忆逐渐清晰了？很显然编剧的设定对传统宗教描述得并不准确，但儿时的我们对其印象非常深刻！这也归功于译制团队，原本人物与真言的名字都非常拗口或奇怪，比如"一平"日文原意应该翻译为"修罗人"或"秋亚人"，这听起来也太没主角光环了，于是高情商的翻译团队直接用了制片人、时任龙之子社长的九里一平的名字"一平"！

同样，每次神将们穿神甲胄时喊的真言也十分拗口，译制人员将其统一改成"伊莫拉萨"，让我们回忆至今。馆长小时候并不是特别喜欢主角一平，因为只要一刻画他就会搬出黑穆凯，这个男人永远要和一平打来打去，一个永远下不了手，另一个是你不下手我就永远不恢复意识，从开头磨叽到结尾。从这两个人的关系、造型，包括铠甲颜色的设定，是不是与《宇宙骑士》里的D-boy和相羽星野一模一样？因为它们的编剧压根儿就是一个人——赤堀悟，不过编剧确实有能力，剧中的每一个人物哪怕是出场极少的配角居然都能够被刻画得有血、有肉、有故事，即便今天再去看这部番剧，依然能够舒服地看完！所以《天空战记》在当年刚开播的时候引起了极大的轰动！一流的策划、一流的故事、一流的设定、一流的制作，甚至一流的配音让《天空战记》的动画迎来了爆炸的开局！那么，30多年前《天空战记》的玩具又是什么样子？

▲ 早期海报的复印品，《天空战记》中的八部众与吉祥天。

▲ 动画中的一平与黑穆凯，幸亏儿时电视机没有快进节目的功能。

▶ 收藏的设定集复印品。除了八部众以外，当年的你是否曾为这些逝去的配角而难过不已？

▶ 在当年的杂志里，我们随处可以看到《天空战记》的各种广告，足见其热度。

▶ 当然，杂志里更少不了《天空战记》的玩具广告，这又是万代开发的！

在当年我们是很难接触到这些日文刊物的，馆长的玩具故事要从20世纪90年代中期的一次偶遇说起。还记得那一次我陪我妈去批发市场，忽然在一个玩具批发的摊位上看到了《天空战记》八部众的人偶。童年的滤镜是强烈的，我只记得它们五颜六色、金光闪闪，非常好看！但是当时我已经快上中学了，再求我妈给我买玩具是张不开口的！我的心里就埋下了种子，一晃几十年过去了，直到网络信息时代，我才开始寻找当年的回忆。

日本篇

1989年，万代获得了创通映画的版权，着手《天空战记》拼装玩具的开发！其实有了圣斗士拼装产品的经验，这对万代本来不是难事！但是，1989年，由于四驱车玩具和铠甲风动画在日本儿童群体中最为火爆，万代想要在还原动画人物的基础上加上四驱车的玩法，这就有点难了！想象一下，一个赛道上人家跑的都是四驱小子，你跑的是八部众！这也成了当年非常有趣的收藏！

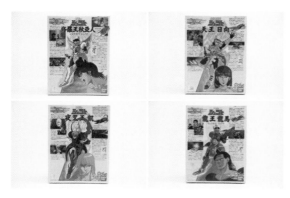

▲ 这就是四款当年的八部众玩具，分别是一平、凯、乔加和良马，封绘采用动画的风格，大家可以看到日版人名和译制版本的差别。

▲ 在包装的侧面能看到神奇的玩法。

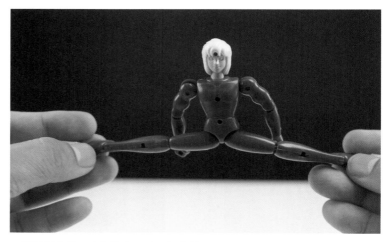

▲ 当年的制品除了拼装说明书，居然还有人物解说书，非常有代入感！

▲ 组装好素体，我们就能看到最初的修罗王一平在当年孩童手中的模样。这真的是一平吗？头雕怎么和黑穆凯一模一样？大小为 3.75 英寸，和圣斗士的拼装完全一致，拼装的手感非常紧实，以至于各个关节都非常稳定，但当年的可动设计无法让它做出更多的动作。

▲ 插上神甲胄，贴上贴纸，完成了素组。对比一下原设定，相信涂装后应该还不错。这里有一个细节，就是一平左手上的盾，在动画的开篇第一次和黑穆凯交战时就被打飞，从此再也没有出现过，可见玩具的开发确实早于动画的火爆。

▲ 将其他三人组装起来欣赏一下，对比一下人物的原设定，1989年的拼装产品能拥有这样还原度的人物造型已经非常不错了。

▲ 相比两个主角，馆长更喜欢天王乔加和龙王良马！一天二龙三夜叉，在八部众中二人本来就是上位，更是实力担当。而乔加在本片中是最忠诚敦厚的，慧明大师落难时第一个通知的就是乔加。乔加也是第一个加入"小强组"帮助一平的天神，长得还帅气，儿时的馆长超级喜欢他！

▲ 这一位更是重量级角色！如果虎哥讲的是忠，那龙哥讲的就是义！全世界如果都背弃我兄弟，那我就和兄弟对抗全世界。官方公认他是八人中的最强天神，永远负责断后，永远负责救场！这忠义的二人最初加入的时候让我非常有安全感，他们牺牲的时候让我久久难忘。所以这两人的玩具不管什么版本我都会收齐！

▲ 玩具与动画对比。就像圣斗士的圣衣可以收纳一样，这套玩具也很好地诠释了铠甲的几种形态。武装起来是神甲胄，收纳时便为神护子，动画里方便天神们携带，玩具则是方便小朋友随身把玩。

▲ 最有意思的是玩具行进时可以变为神甲机，动画中的神甲机是这样的。

▶ 通过改装神护子，加装 20 世纪 80 年代的四驱车底盘，玩具就可以完美上路！

　　如此精彩的动画、如此精彩的玩具却没有一个精彩的结尾！万代的这套产品在推出了四个人物之后戛然而止！因为这个IP在当年迎来了毁灭性的打击。

　　第25话中八部众击败了黑化的因陀罗，在最高潮中结束了第一季，我们正准备迎接与最终反派湿婆和十二罗帝决战的第二季。可就在这高歌猛进最关键的时候发生了两件事：一是创通映画无情地驳回了赤堀悟更加复杂而精彩的方案，认为儿童不应该接受如此复杂的设定与情节，将30集的第二季缩减为十几集。从这一刻起，众多的伏笔无缘天日，我们看不到吉祥天的真正身份、因陀罗叛变的前因后果、兽牙三人众的倒戈……而且十二罗帝只出来五个，我们完全无法看到八部众最终被历史与命运摆布的精彩构思，成了一个纯儿童向的轻描淡写的格斗动画。

▲ 通过查询早期的设定集，可以发现很多设定并没有实现，十分遗憾。

▲ 当年作画外包给了韩国的制作团队，作画风格的突变使大批观众流失，也给了国内小朋友一个措手不及。

　　二是由于更改剧情、缩减成本，采用作画外包，动画的表现彻底崩坏，就连儿时的我们都能明显地感觉到各种变形与潦草。

　　从第二季开始，一代神作跌落"神坛"，万代也停止了玩具生产。自此，无论动画还是玩具，《天空战记》至今都没有像另外两部铠甲风作品那样拥有再度火爆的后续。

　　但是，有一件事让馆长看到了另一个结局，我儿时在市场上看到的《天空战记》玩具，并不是万代的拼装玩具！

韩国篇

　　虽然在日本，媒体以"崩坏的修罗"定义了《天空战记》的失败，但在其他国家的一辈人心中，它是不败的神作。也许，我们还有机会寻回儿时的梦想，集齐八部众！当年第二季的主要作画部分外包给了韩国的团队，《天空战记》在韩国更是备受好评的神作！于是我们搜寻了韩国市场上的《天空战记》玩具，还真有惊人的发现！

　　这是由一个叫Olympus的品牌生产的拼装玩具，我们发现这套产品并非山寨品，而是龙之子工作室的授权产物。可能《天空战记》真的非常受欢迎，所以当年韩国的玩具厂适当进行了本地化改造，重新绘制了封绘，彻底打破了原设中美型少年的画风，看起来很有特点。

▲ 馆长个人觉得这个封绘还是十分漂亮的，也代表了一个国家在一个时代的二次元表现风格，我认为很有代表性，也很有收藏价值。但是在视频节目播出的时候，大家还是不约而同地笑了起来。

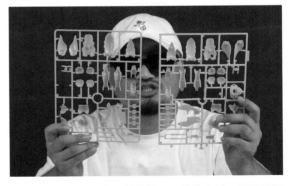

▲ 我惊奇地发现，它虽然照搬了万代的产品，但模具板件居然是镜像的！

▲ 这套玩具拼装过程中的手感比较不流畅，完成之后可以看出当年韩国品牌对于小朋友的色彩感受和还原需求也不是十分友好。

▲ 尤其是龙哥，红脸绿帽、青龙偃月，把这个"义"字刻画得十分熟悉。这完全就是山寨的水准啊。

　　但即便是这样的档次，拼装玩具也分不同版本，显然这个Hobby Box品牌比之前的Olympus强很多，封面上的神将直接穿着铠甲，板件精度明显很高，而且材料和原料的颜色都很不错。

　　20世纪90年代初，韩国的"玩具嫁接"也绝非浪得虚名！这个叫Olympus的品牌在当年的确填补了《天空战记》可动人偶的空白！传说这是地球上已知的最大型的龙之子授权的《天空战记》可动成品人偶，给那个时代的韩国小朋友留下了难以磨灭的回忆。因为并没有出口，所以产量少到人们都以为这只是个传说，偶然在网上看到，其价格也极其恐怖！但是无论什么版本的乔加和良马，馆长定要将它们拿下！

▲ 这一品牌的拼装产品的质量明显好一些，纸品印刷也相对清楚，真不知道在韩国还有多少品牌参与了《天空战记》拼装玩具的仿制。

▲ 万万没想到，这两盒稀罕物居然是从国内的藏家手中买到的。我们可以看到 20 世纪 80 年代和 90 年代韩国的玩具包装配色真的非常具有波普艺术的风格。而且它们特别爱使用红色和绿色的搭配，真的很有"特色"。

▲ 当馆长拆出天王乔加的内包装的时候，玩家们都表现得非常惊恐，甚至有人幸灾乐祸，因为这确实花了馆长上千元，现在我们终于知道为什么叫它们"鬼脸八部众"了！

▲ 龙王良马的表现也是如此，一看就是一个系列的。这套玩具的体积很大，大小约 12 英寸，但是很轻，塑料外壳，里面基本是空心的。

直到现在，我的心仍在滴血，所以劝一句愿意收集老玩具的迷友，高价收藏韩国老玩具的时候真要慎重！

中国篇

那么，让我们将视线拉回国内，继续寻找童年时关于八部众的回忆。馆长最早接触的《天空战记》玩具是这套台湾版本的 PVC 胶人，"80后"对这种玩具特别熟悉。在放学的地摊上，它常以摸宝的形式出现。但它其实也属于一种独立的玩具门类，早期它在日本常常作为食玩，在欧美会以"垃圾桶"的形式售卖。馆长的这套人偶并不全，而且重复率很高。

▲ 这套玩具是伟哥早年在国内市场淘得并赠予馆长的，我们兴致勃勃地打开后发现并不是一套完整的人物，而且重复率很高，但馆长还要表现得十分喜悦。

相较之下，紧那罗王莲迦比较精致，这也是八部众中唯一的女性！她行事果敢，女性的特质被编剧团队刻画得淋漓尽致，两段凄美的感情也让馆长十分喜欢这个人物。她手持莲花烙，会使用那罗无双华绝技，只可惜我们只能收到这样一个人偶作为纪念。

▲ 莲迦作为八部众中唯一的女性，并没有给儿时的馆长留下什么印象，今天再来看这位美女战士，真是感叹自己当年太幼稚了。

◄ 然而今天馆长能收到的莲迦人偶玩具也只能是这样的，其实我不说你也猜不到是谁吧？这时观众质疑了我："你怎么可以昧着良心说这个人偶精致呢？"

◄ 那是因为其他的人物设计得更离谱啊！

很明显，这并不是我儿时看到的"怨念"，我看到的是一排五颜六色的挂卡！非常漂亮！铠甲作为配件，像极了当年的奢侈品圣衣大系，印象中还有一个人拥有十几块腹肌！感谢今天的网络时代，二手平台可以很快给到你答案。

这一对乔加和良马在包装上和馆长儿时见到的十分相似！而且，这一版明显比韩国版长得更理智一些。挂卡的背面印有西班牙语的介绍，在模糊不清的印刷中能看出这套人偶应该有六款，虽然比较少见，但玩具不把玩，是无法看到真相的，于是馆长在节目中拆开了包装，才发现这并不是我们要找的目标。

▲ 从外包装可以看出人物不具备穿脱神甲胄的功能，人物造型比起韩国的授权品要正常太多了。

▲ 拆封后人物造型看起来尚可，每人配了一把和动画差之千里的武器，但令我没想到的是，这竟是软胶制品。

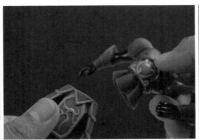

▲ 人物可以随意弯曲，所有的关节都可以轻松拆卸。

很显然，它的可动设计不尽如人意，也并没有
穿脱铠甲的玩法，这并不是我们今天最终的答案。
于是，我求助了国内藏圈隐藏的终极藏家们，大隐
隐于市，从他们那里我们终于得到了答案。

在20世纪90年代中期，龙之子将《天空战记》
的玩具授权发向海外，一个来自巴西的品牌被授
权制作六款成品可动人偶，其玩法定位对应了当
时《圣斗士星矢》的圣衣大系、《魔神坛斗士》的
超弹动，让当年的人们有了完整的铠甲三部曲人偶
收藏。

▲ 正版在挂卡正面有醒目的 TV 标，来自巴西的品牌也
解释了为什么之前的产品上会印有葡萄牙语。

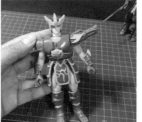

◀ 这些图片均来自国内一位非常资深的老玩具收藏者张
先生，可以看出原版拥有穿脱神甲胄的功能，面雕和素
体刻画得也不错。这套正版的玩具相对还是比较少见的，
据张先生透露，个别人物他好多年都没有蹲到一个，因
为它实在是过于小众，缺乏流通。但这并不是我们的儿
时回忆。

直到这里，我们已经非常接近儿时的真相，因
为这一巴西的玩具品牌的代工厂就在中国。在特定
的历史时期，中国的代工厂复制了这一系列，更离谱
的是，他们竟在原设计的基础上改变了模具，在手
臂处增加了关节！这便出现了在当年中国市场上流
通的仅存的《天空战记》超可动人偶，而这就是馆
长儿时的"怨念"。

▲ 同样，这套玩具一共有六款人物，分别是修罗王一平、夜叉王黑穆凯、天王乔加、龙王良马、比姿王阿达和达婆王高也。
是的，当年无论哪个系列都没有迦楼罗王力迦，十分遗憾。玩具挂卡并没有每个人物的立绘，但这就是我儿时看到
的终极版《天空战记》玩具。

▲ 在挂卡中露着十几块腹肌的男人也找到了，它就是阿达，性格火暴，非常尚武，最终也加入了一平的队伍，共同抗击邪恶。

▲ 只出现在这一系列中的达婆王高也，是一个和沙加一样闭目养神、修行极高的神将。高也和阿达是最后加入一平队伍的，动画中刻画得并不多，要不是苦苦寻找这些玩具，我还真有点记不清了。

▲ 修罗王一平

▲ 夜叉王黑穆凯

▲ 龙王良马

▲ 天王乔加

这一系列的品相并不好，头雕是山寨水准，素体上还留有毛刺，神甲胄也不是十分贴合，有些需要蓝丁胶才得以固定，但是它们在今天的二手市场比较少见。也许当年我鼓起勇气买了一个，也并不会觉得做工有那么不堪吧。

30多年沧海桑田，物是人非，即便在那个年代也没有人能集齐一系列八部众，但直到今天，仍有人记得它们！也许再过几十年，你早已不记得今天，早已不记得今天的玩具，但你一定会记得那句："伊莫拉萨！"

08

魔神坛斗士

掀起铠甲风超弹动的高潮

20世纪90年代初，《圣斗士星矢》登陆中国，一时间铠甲风动画风靡全国，紧接着《天空战记》弥补了《圣斗士星矢》未完结的遗憾，院子里的孩子都会喊上一句「伊莫拉萨」，但篇幅太短，不够过瘾。直到1993年，《魔神坛斗士》的引进将「80后」对铠甲风动画的喜爱推向了高潮。

这三部作品馆长有幸一集不落地看完了，在当年如果不观看，第二天到学校就无法融入集体讨论，甚至会被视为异类。这三部作品也确确实实让我们受到了文化的熏陶！《圣斗士星矢》让我们了解了希腊神话，《天空战记》让我们了解了印度教经典，而披着日本武士铠甲的《魔神坛斗士》却让我们了解了中国儒家思想的道德伦理观！

只要是铠甲风作品，就有"小强"主角，《魔神坛斗士》也拥有着自己的"小强团"，五个主角分别代表着"仁""义""礼""智""信"，长大之后，我们才知道这五个字源于《孟子·告子上》和《礼记·聘义》的五常美德。

他们分别是：
烈火 真田辽，恻隐之心，仁也；
金刚 秀丽黄，羞恶之心，义也；
光轮 伊达征士，恭敬之心，礼也；
天空 羽柴当麻，是非之心，智也；
水浒 毛利申，孚尹旁达，信也。

▲ 收藏当年的纸品与音像制品成了馆长的必修课。

▲ 这是五位"小强"的人偶，从左到右分别是羽柴当麻、伊达征士、主角真田辽、秀丽黄和毛利申。

　　五常的渊源和作品中的魔改这里就不展开讲了。四个魔神将也分别代表了忠、孝、悌、忍，但忠、孝、悌、忍并不像五常美德那么完美，比如忠也会有愚忠，这就为反派的向善之路埋下了伏笔！所以直到长大后，我才意识到这是一部非常有深度的作品。

　　但对于我而言，更有意思的是当时《魔神坛斗士》的玩具！铠甲设计由《铁甲小宝》的设计师冈本英朗操刀，而令这位大师万万没想到的是，作为一款铠甲人偶，其最大的卖点居然不是铠甲，而是"超弹动"！

　　《魔神坛斗士》原名《铠传》，动画由Sunrise制作，而以高达系列动画闻名的制作方Sunrise最初却没有和万代合作，而是选择了Takara作为主要可动人偶生产线的合作方。当然也有和一些名不见经传的小品牌合作出品其他玩具品类，比如和童友社合作出品拼装玩具。童友社是一个成立于1937年的模型厂，以名城模型、遥控赛车、小比例军模和拼装模型闻名，1988年还参与了《铠传》拼装人偶的制作。馆长有幸收到了最具代表性的真田辽人偶，由于当时受技术所限，模型的精度与拼装体验都不尽如人意，当时的拼装大部分都还需要胶水，所以在当年这些玩具并没有受到玩家小朋友的追捧，当今的留存量并不多。

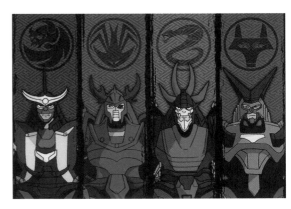

▲ 四位魔神将反而给馆长留下了更深刻的印象，人物性格和故事好像都比"小强"们饱满。

▲ 当年童友社的产品包装。

▲ 说明书也很精美，步骤清晰，没
上手拼装之前感觉它是一款不错的
模型。

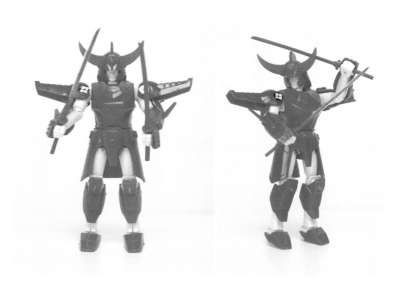

▲ 但是一上手体验拼装，设计上的不足就显露出来了。合模精度的山寨感满
满，需要大量胶水辅助，一不留神就会影响可动性，早年的"胶佬"一定都
能理解我的体验。和 20 世纪 80 年代末的其他玩具相比，成品造型和质感也
算是比较一般的，并不推荐迷友收藏。

童友社的出现并不能左右《铠传》玩具当年的口碑。因为当年的销售压力主要都压在了Takara的超弹动人偶身上了，所以出现了一个非常有趣的现象，忽然动画里的所有角色在发动技能前都要加一句"超弹动！"这在当年着实令人费解。现在谜题解开了，这都是为了推广超弹动玩具的玩法，小时候怎么会想到这竟是"资本的游戏"呢？

　　但这个"超弹动"的设计在可动人偶的历史上真的是非常奇特的存在！说白了，超弹动设计就是用金属弹簧连接代替可动关节，让人偶能摆出很多夸张的姿势，从玩具说明示意图中就能看出，所以收藏者们非常喜欢，包括馆长。但由于年代久远，我未能收齐这一系列，非常遗憾。它和其他铠甲类可动人偶有着非常明显的区别，其他铠甲类可动人偶一般都是人物为塑料，铠甲为金属，而《铠传》的超弹动人偶居然人物素体是金属的，铠甲是塑料的。而且它的配件中也有很多另类的玩法，有兴趣的玩家可以体验一下！今天在国内的二手购物平台还是能找到的。

▲ 馆长十分有幸收藏了主角真田辽全新未拆的初版，在视频中带着迷友真切地领略了超弹动的快乐。包装非常漂亮，"超弹动"的主打字样赫然于上，人物封绘和产品图都印在了正面。

▲ 背面是人物介绍与一些玩法展示。

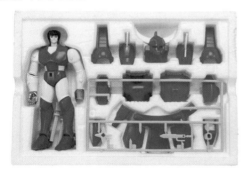

▲ 这是内部的构成，看到后最大的感受就是人物的比例非常失衡，头还没有拳头大，应该是因为当年的技术很难做出轻薄服帖的头盔吧。

▲ 这是馆长收藏的可动人偶说明书，你们能看到左上角的人物可动示范吗？右下角还标注了玩具中隐藏的彩蛋。

▲ 回函中印有这一系列的产品展示。

▲ 附送了当年的海报。

▲ 主体极具分量感，可以说浑身的锌合金让玩具变成了一个铁砣子，头雕刻画得还是十分生动的。

▲ 关节的拉伸全靠弹簧，"超弹动"自此得名，也是近代人偶玩具最奇葩的关节之一。

▲ 火焰神武装起来之后就是上面这个五短身材，塑料外甲的韧性较好，穿戴很轻松，卡扣也很牢固，不易脱落，非常适合把玩，这一点值得表扬。

▲ 铭文被印在了脚底的金属位置上。

▲ 这是超弹动系列其他的人偶产品，上面印有该死的编号，少一个人物就会让有强迫症的藏家朝思暮想。好在今天的价格大多不高，但是人偶的品质都没能超过主角真田辽。

　　最有趣的一点是，由于主角团体刻画得非常俊美，《铠传》明明是儿童向的作品，却吸引了当时日本的少女，官方顺水推舟，将五位声优包装成了偶像组合！这在当年的ACG圈子是非常有趣的事件。所以，超弹动人偶在当时的"饭圈"中持有率也是很高的。

　　超弹动系列在当年还有其他版本，海外版采用更廉价的吊卡方式包装，《铠传》也被翻译成了《浪人》。更有趣的是，这一系列不光有人偶，也有道具类模型供当年的孩童沉浸式体验。虽然玩法非常简单，但在当今的收藏市场也颇具价值，是《铠传》迷们不容错过的收藏！

▲ 海外版的《铠传》收藏。

▲ 收割全年龄层的 Takara 自然不会放过儿童最喜欢的 cosplay 道具,包装非常漂亮,小朋友如果在商店看到了,一定以为自己戴上了就能使用超弹动双炎斩。

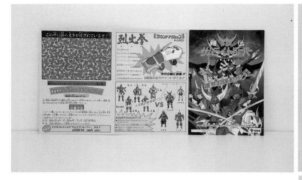
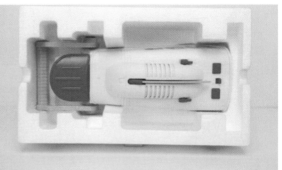

▲ 一旦买回家里就会发现只有一处简单的弹射可动,非常无聊。没错,我就是这种感受。

　　这些奇特的收藏和传说也印证了《铠传》的超弹动系列在玩具收藏史上是令人难忘的,而动画作品也给人们留下了思考——为什么我国很多的文化精粹是通过日本的ACG动漫游戏作品传递给青少年的? 之前有位老师讲,可能是由于地理原因,中国四通八达,文化传播快,而日本的地理位置相对特殊,文化流入后会有相当长一段时间的沉淀,你怎么看呢? 那么在当今信息科技如此发达的时代,希望我们也能创作出更多包涵中华文化的ACG作品,让这些作品成为青少年们的美好回忆,流传下去。文化是包容的,就像烈火真田辽的信仰,仁者无敌!

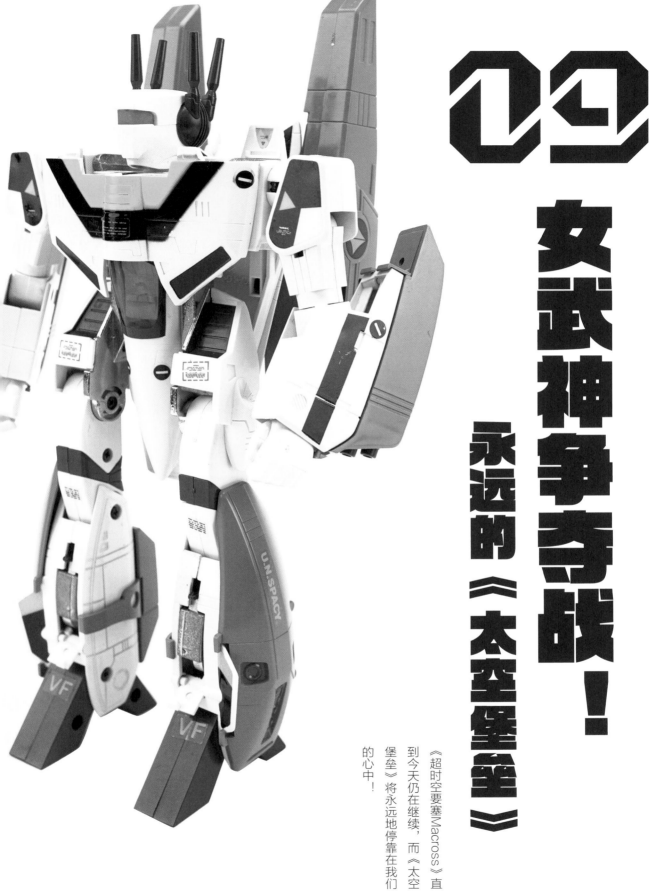

09

女武神争夺战！

永远的《太空堡垒》

《超时空要塞Macross》直到今天仍在继续，而《太空堡垒》将永远地停靠在我们的心中！

　　小时候馆长看过一部动画，一群外星人捉来两个地球人，一男一女，逼着他们亲吻！这给当时幼小的馆长留下了非常深刻的印象，它就是《太空堡垒》！

　　大多年轻迷友都知道《超时空要塞Macross》，1982年由大名鼎鼎的龙之子工作室出品。在机甲动画风靡的年代，《超时空要塞Macross》作为又一部太空歌剧在日本引起轰动。直到今天，它的故事仍在继续，仍有如万代等大厂在出品这一系列的模型玩具！足见它在当今年轻人心中的经典地位！

▲ 我们很多童年的经典回忆如《天空战记》《宇宙骑士》都是龙之子的手笔。

　　而作为"80后"，《太空堡垒》（Robotech）才是真正的童年回忆，它的身世故事很复杂。我们简单点说，1985年美国金和声公司将《超时空要塞Macross》引进到美国，美国广播公司规定只有65集以上、保证播放13周的剧集才能引进。而《超时空要塞Macross》只有36集，所以《超时空骑士团》和《机甲创世纪》两部龙之子工作室的作品作为"陪嫁"一并被加到美版的《太空堡垒》里。

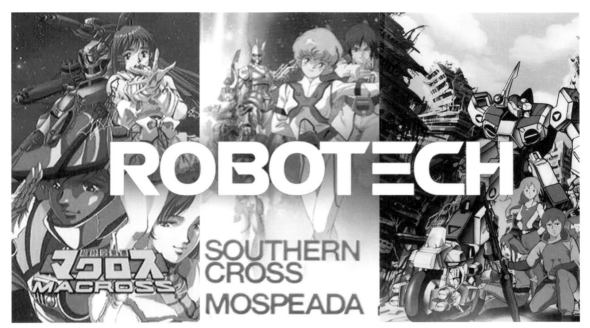

▲ 每次看完动画都会看到金和声的标志。

不得不承认，在当年美国出品的众多日版动画"缝合怪"中，《太空堡垒》绝对是"怪中之首"！虽然一部作品的主人公忽然成为另一部作品主人公的儿女在现在看来还挺可笑，但更阳光的人物性格、更具史诗感的剧情拼凑、更热血激昂的背景音乐让无数和馆长一样的同辈人选择"自欺欺人"，更习惯将《太空堡垒》视为"真身"。这就像电影《少年派的奇幻漂流》告诉我们的道理，你更愿意相信哪个真相，别人管得着吗？

其实当年只有第一季《超时空要塞Macross》的部分是美国最想引进的，也是最精彩的，同样，这也是馆长今天要带大家回味的。1991年，上海电视台首次引进了《太空堡垒》，正上小学的馆长回沪度假，假期短暂，馆长只看了《太空堡垒》的第一部，也就是瑞克、明美与丽莎的故事，非常好看，直到今天再看一遍也没有觉得枯燥、幼稚。

在那个年代，每部动画都会伴随着玩具广告在电视里播出，一般小朋友都顶不住，于是我向我爸提出我想购买《太空堡垒》的玩具的想法。正值假期，我爸回到老家心情也好，成功率还是很高的。可是我们全家一起观看的那一集恰好是天顶星人捉住瑞克和丽莎非要看他们亲吻的情节，这两个没骨气的还真答应了，而逃生回来的瑞克与明美互动。看到如此大逆不道的剧情，别说买玩具了，我妈差点连动画都不让我再看了。

▲ 当年的玩具广告最可恶的是，不管什么产品都配有外国儿童在开心地玩耍的画面，很让我眼馋。

▲ 如果有和馆长相同经历的朋友一定记得这集，在那个年代和父母一起看是多么尴尬。不过，这也为全家一同收看《宇宙骑士》和《猫眼三姐妹》打了预防针。

　　不要紧，没有机会可以创造机会，一次"机缘巧合"，我甩开了老妈和老爸，单独来到了南京路第一百货公司六楼，那里是儿童的天堂！国1代特种部队、圣斗士圣衣大系、彩星的忍者神龟铺满了各个柜台，对我来说那是玩具最美好的年代。而那天带有明确目的的我一眼就看到了瑞克的骷髅战机！它居然是1:18、可以乘坐的，无数《太空堡垒》人物精美的挂卡、天顶星人的战斗囊，而我当时最想要的就是凯龙的指挥官作战机甲，那大概是我第一次见到步行机甲，久久不愿离去，大喊着"要么买一个，要么打死我"之类的"豪言壮语"！看到儿子如此痴迷，几近癫狂，本不富裕的父亲终于还是咬了咬牙，给了我一顿打。

　　时间一晃30多年过去了，如今的馆长已经从少不更事成长为"翩翩少年"，《超时空要塞》玩具多得数都数不清。可对馆长而言，当年的3.75英寸美系《太空堡垒》玩具绝对是"初恋"！为什么父亲当年那么绝情地拆散我们，手头真的那么紧吗？也许只有寻找到当年的玩具才能真正知晓答案！

　　经过一番调查，我得知它在当年有两个版本，最早于1985年由Matchbox出品。相信喜爱模型的"80后"朋友都非常熟悉Matchbox，当年环球的拼装模型与合金小车给我们留下太多美好的回忆。但Matchbox也曾参与过大量可动人形与合金机甲的项目，以后我们有机会再聊。它在1985年参与出品了诸多《太空堡垒》的人偶与载具，还有一些比例较小的模型，但不久它便退出了《太空堡垒》玩具的生产。

▲ 当年Matchbox的《太空堡垒》玩具广告落幅。

　　而在1991年，金和声再版了这一系列的部分产品并在国内销售，如今价格并没有被炒高，只有个别几款一票难求！为了制作节目，馆长在国内的购物平台上采购到了大部分《太空堡垒》玩具，以弥补童年的遗憾。但有些事情真的是相见不如怀念，几十年后再见到朝思暮想的"初恋"，我觉得当年我的父亲做得对，还好没给我买，如此昂贵的价格，做工却无法和当年其他玩具较量，当年的我真的是鬼迷心窍了。我们先看下瑞克·卡特，作为全篇的男主又是第一款产品，做工应该最具代表性了吧？

◀ 这就是《太空堡垒》的第一款人物挂卡——瑞克·卡特，现在这张卡属于这个系列中相对稀少的，虽然不如Matchbox初版珍贵，但价格也不低。卡面上可见金和声这一系列，只是在Matchbox原有包装上换了个logo。

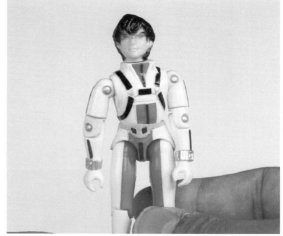

▲ 背面就是 20 世纪 80 年代和 90 年代标准的配置，全系列人物产品及带编号人物卡，还能看到当年的生产厂商与经销商。

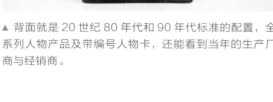

▶ 上千元的瑞克看起来一副不太聪明的样子，金和声版本与 Matchbox 初版在模具和上色等方面基本一样。美国人给它换上了蓝眼睛，有一定老玩具阅历的迷友不难看出它完全采用 G.I.Joe O-ring 结构，但做工完全不敌 G.I.Joe。作为 1985 年的产品，这一结构基本满足了孩童们的所有可动需求！

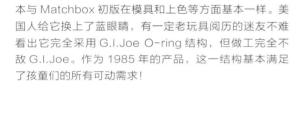

▲ 但在当年，这一结构也有三处易损：肚子里的皮筋、握持手型的拇指和裤裆附近，把玩时千万要小心。

　　丽莎和瑞克的故事节奏是我们喜欢的慢热型，这段关系不但让我们见证了瑞克的成长，还体验到了乱世儿女的真情实感。所以，儿时的馆长在《太空堡垒》的感情戏中是站丽莎的。只是小时候我完全没有感受到丽莎的人偶完全崩坏啊！直到今天，金和声版丽莎的人偶也是这一系列中最便宜的一个。

▲ 真是无力吐槽丽莎的人偶，只能附上一张丽莎自己看到人偶后的表情了。

　　说到林明美，这个住在中国城的太空歌姬不仅通过歌声左右着战事，还影响了日本动画的宅性方向，拥有大批的粉丝，所以明美的人偶在当年销量惊人，以至于现今流通的全新品非常稀少。为了节目效果，馆长还是硬着头皮入手了，观众们表示看了之后很无语。

▲ 这大概是我把玩过 O-ring 关节里唯一穿裙子的人偶，下肢较松，很难站稳。看着这个头雕，我很难想象当年明美的粉丝拿到人偶后是什么心情。

▲ 而《太空堡垒》中也有诸多高人气的配角，好大哥福克是馆长非常喜欢的角色，直到战死之前还在为瑞克的生活奔波着，好在人偶没有做崩。

▲ 馆长超级喜欢天顶星士兵的配色，紫色与绿色的组合象征着邪恶，只是貌似配色弄反了，天顶星士兵明明是绿衣服、紫皮肤，而玩具商却把头部做成了绿色。头雕似乎很眼熟。

　　《太空堡垒》的最大赢家应该是麦克斯——堡垒上最强的飞行员！而和麦克斯在一起的女外星人米莉亚是全篇最强女机师和全篇最冷艳美女，一度拥有众多粉丝，而且米莉亚也是这一系列中唯一拥有两个尺寸的人偶。

▲ 麦克斯的人偶还算比较还原，今天的价格也非常低，制服与瑞克同模。

▲ 米莉亚在这一系列中有不同颜色的版本，相对比较稀少，只是从挂卡封绘到人偶头雕都不尽如人意。

◀ 这是动画中米莉亚的样貌，千万不要被玩具误导。

因为天顶星人本身十分大，Matchbox为天顶星人量身打造了一套6英寸人偶，可以配合比例玩耍，这一尺寸并没有在金和声的版本中复刻，只能收到Matchbox的初版。可动关节与3.75英寸的人偶完全不同，下肢的可动性非常局限，几乎是馆长玩过的所有6英寸美系人偶中手感最晦涩的。

▲ 在电视广告中，你远远无法体会这一系列实物带给你的"震撼"。

▲ 天顶星人的总帅是不是有一丝西斯大帝（《星球大战》系列衍生作品中的大反派）走错片场的错觉？

▲ 司令及其助理是馆长非常喜欢的人物，最后真没想到居然会叛变天顶星人。看过馆长节目的观众总结美系人偶的特点就是长得越丑做得越像，这二位基本上是这一系列中最还原的人物。

▲ 谁也没想到凯龙能成为第一季的最终反派，普通话配音老师让这个人物从性格到声音变成另一个"红蜘蛛"。头雕也算这一批中刻画得比较美的了，只是其大腿处做了可动关节却完全不能动，这让馆长十分疑惑。不过也无所谓了，馆长只想拥有它的座驾，以圆我儿时的梦想！

这一系列的人物可以说全尺寸和全规格都不行！虽然这是一部以人物脉络故事为主的机甲番，但在我看来，机甲载具才是玩具的灵魂！在馆长"入坑"不久后，就圆了儿时的梦想。当年出品的全新天顶星人指挥官机甲的价格并没有被炒高，即便在今天，虽然它在二手平台流通很少，但也可以以相对较低的价格购入，是这一系列中相对好入手的一款大型载具。

▲ 当年馆长最心仪的便是凯龙的指挥官作战机甲，每次出现时都威风凛凛。

▲ 这一系列载具的包装与封绘还是非常漂亮的，背面有清晰的产品图。

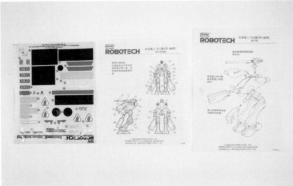

▲ 内包装里的东西非常少，只有说明书、贴纸和一个武器配件，上图是没贴纸的样子。当年的 3.75 英寸玩具基本都是飞机、坦克，少有步行机甲。作为 1985 年的载具，它的可动性算是非常良心了，甚至腿部还有弹簧复位功能。馆长最得意的是它大块的透明红色舱盖，让我热血沸腾。

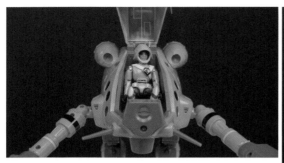

▲ 6英寸的凯龙基本无法进入驾驶舱，我们临时"升职"一个士兵进去感受一下指挥官的驾驶舱，顺便贴上贴纸。多年来没舍得拆封的玩具重现了往日的风采，这就是我儿时憧憬的场景，就连这个天顶星人也在替我高兴呢！

说到天顶星人的载具，最著名的就是战斗囊了！战斗囊并不便宜，现在就连带包装的金和声版本也要2000元起，可能是因为其出色的外观吧。馆长手里的战斗囊是Matchbox版本，虽然岁月的洗礼让它有些发黄了，但涂装与塑料质感还是优于金和声版本的。

◀ 缺点是站立时舱体需要前倾很大的幅度，否则很容易后倒，这是当年的设计问题吧。同样可以打开舱门，只是驾驶舱更小一些。

有了战斗囊，它的宿敌VF-1战机就该登场了，这一系列的VF-1战机当年总是在商场柜台最中心的位置展示。因为非常昂贵，几乎没有小朋友能够近距离亲见它的样貌，馆长也从未听说身边哪位小朋友拥有它。在馆长开始收藏模玩的那些年，Matchbox或金和声版本的VF-1战机也非常少见，伴随的也是一个完全不会优先考虑收藏的价格。而在20世纪90年代后期，以出品《忍者神龟》玩具而闻名的玩具大厂彩星，将Matchbox几款最受欢迎的模具引入了Exo系列中。这一操作在当年虽然留下诸多的说法，实物涂装也与Matchbox版本略有不同，但玩家终于能以更优惠的价格体验童年的快乐，也算了却了馆长的心愿。

◀ 从包装已经看不到早年 Matchbox 版本的味道了，从背面的产品系列展示来看，它融汇了不少其他系列的产品。

◀ 这款玩具虽然设置了人形态下头、腿、枪械等元素，但并不能变形，连守护神这种简单的可动变形也没有，只有带 SP 背包和不带 SP 背包两种状态。

当年如此高昂的价格，竟然是一个连正常比例都做不到的Q版飞机，最大的特别变形功能完全没有，做工也十分马虎，这和同一时期的3.75英寸《特种部队》《星球大战》玩具相比，简直是在糊弄消费者。这倒也回答了当年我的两个疑问：一是Matchbox为什么会退出这一系列的生产；二是我爸为什么当年死活不给我买，这要是买了，我会后悔死。

这一系列还有很多其他的小型机甲与动力套装，而且除了第一季，后面两季其他日版IP的人物与机甲也被杂糅了进来，可以一起作战。这个系列虽然在现在看来光怪陆离、良莠不齐，但在馆长的收藏之路上是不可缺失的，这毕竟弥补了童年的遗憾。

▲ 相信瑞克本人看到了也会十分失望吧。

▲ 馆长在节目中并没有详细介绍这一系列的收藏。在那期视频节目中，很多迷友反映为什么没有介绍那个大型的太空堡垒基地？答案很简单——太贵了，我没有。另外，那款玩具和太空堡垒的构造几乎没什么关系，所以没有在馆长的收藏计划当中。这里也劝诫各位同好，并不是所有的"怨念物"都值得去花代价去弥补。

　　但是，这些并不是我们儿时对《太空堡垒》唯一的寄托，我爸带我离开百货商店后，去了另一个地方，从此打开了我对《太空堡垒》玩具全新的认知，也让我见证了一场各大厂商针对VF-1的世纪之战！

　　离开百货商店后，我爸带我来到了老城隍庙，上海的老迷友可能都知道，20世纪90年代初，老城隍庙一条街简直是儿童的天堂，在那里你可以买到所有你喜欢的玩具。那天，我竟然得到了这架VF-1S骷髅战机，这也许是对那次我在大商场感到失落的小小的补偿吧，当时记得这是一架偏紫色的飞机，相信绝大部分"80后"迷友都不陌生！

▲ 可惜暑假还没过完，馆长就把这架骷髅战机弄丢了。

▲ 这些都是馆长凭借记忆收到的慰藉品，虽然变形关节非常脆弱且不稳定，完全不敢变形，可动关节也非常松垮，但是岁数越大，我越觉得它们好看，相信和馆长有共同回忆的朋友才能理解吧。

虽然痛失了童年唯一的VF-1S战机，但之后发生了一段插曲，让我知道了一段不为人知的往事。2009年左右，工作了几年的我终于攒够了钱海淘了我心心念念的一款G1变形金刚——天火。当时正是G1变形金刚价格被炒高的几年，而那时的我还是个打工仔，天知道我为它付出了多少辛苦。拿到之后，我迫不及待地拆封检查，当时甚至不太舍得把玩，但就在这一刻，奇迹出现了，我的回忆瞬间被唤醒，这就是我失散多年的VF-1S战机。它所有的玩法和形态历历在目，而且大量的金属远比儿时回忆中的全塑料质感好很多，还设置了很多儿时没体验过的机关。没想到这款玩具居然这么精细，这是光看视频无法体验的触感，难怪当年的进口玩具价格如此高昂。从那一刻起，追溯天火与《太空堡垒》神秘的联系成了我的又一个憧憬。

▲ 当时购买的这款玩具包装品并不是很好，以我的收入勉强可以购买，但是"吃土"的岁月换来的回忆永远值得珍惜。至今十几年过去了，它仍被我保存得很好，很少被拿出来。

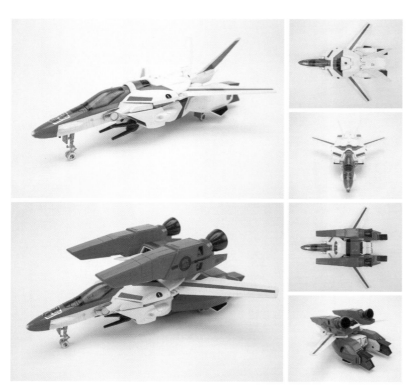

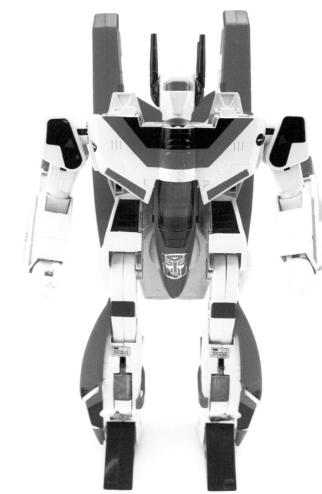

▶ 天火在 G1 动画中出现的次数很少，馆长对他的伪装形态并没有很清晰的认知，大部分细节是模糊的，只记得它是一个很酷的红白色相间的大飞机。而天火的 G1 玩具在儿时更是极其少见，所以当馆长取出主体时竟没看出来是天火，只觉得有一点眼熟。

▲ 变形完之后，馆长彻底傻眼了，这不正是我儿时丢失的 VF-1S 骷髅战斗机吗？只是没想到正版的模具居然如此精细，大量的金属材料让人爱不释手，将它和其他 G1 变形金刚玩具放在一起，差异很大。

随着网络信息的发达，各种资料逐渐浮出水面，我才了解了河森正治，他不仅是《超时空要塞Macross》动画的制作人之一，还是VF-1S的设计师！

他还设计了MP红蜘蛛，所以你会感觉VF-1S和MP红蜘蛛1.0在部分变形结构上有些相似。但他做梦也没想到，他的这一设计竟引发了80年代日美大厂的"跨国之争"！1982年，Takatoku（日本玩具厂商，也称高德）和Arll分别涉猎了《超时空要塞Macross》的玩具模型，而Takatoku、高德！就是今天故事的起源！

1953年，高德成立玩具股份有限公司，20世纪70年代和80年代，《铁人28号》《铁臂阿童木》《奥特曼》这些大热作品都在它的手里成了玩具，连《假面骑士》玩具都比Popy做得早！可谓是不可一世的成品玩具"巨鳄"！那时候的江湖，没万代什么事儿。1982年，高德出品了迄今为止全世界最著名的《超时空要塞Macross》玩具——1：55VF-1S超级女武神！凭借高超的工艺，完美还原了河森正治的设计，模块化的加装套件在东京玩具展上大放异彩，并被孩之宝看中。1984年，高德破产，孩之宝果断从玩具生产与销售方高松那里购得了一批玩具角色使用权。在这一批机甲中，天火诞生了，这是天火最初的模样。而恰巧同年，高德把肖像权卖给了金和声，金和声又将它变成了《太空堡垒》引进到了美国，孩之宝吃瘪。孩之宝买了玩具却要修改动画造型，最后钱花了，也修改了，可万万没想到，高德破产被万代收购，万代拥有了《超时空要塞Macross》玩具版权，已经把超级女武神纳入了Hi-Metal系列，也就是今天迷友熟悉的Hi-Metal R的前身。孩之宝只拥有使用权，孩之宝急了！于是打了当年玩具圈最著名的官司——女武神争夺战！最后双方达成和解，万代重涂，孩之宝销售，变成了今天我们看到的样子。但是！事情还没有结束，当年足可以和万代抗争的第二大厂Takara是和孩之宝一同开发变形金刚玩具的，作为万代的死敌，它给孩之宝上演了"帽子戏法"，绝不参与万代版权的玩具，所以，至今都没有日版的G1天火！

这场红极一时的女武神之战就此尘埃落定，最受伤的是孩之宝，而最被玩家铭记的，就是被抢破头的Takatoku高德版1：55超级女武神！它被玩具圈各大厂商推上"神坛"，被无数玩家津津乐道，一炒再炒，成为最具收藏价值的、最昂贵的VF-1玩具，没有之一！

 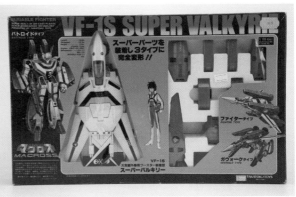

▲ 从当年的电视广告中可以看出一套带SP背包的VF-1S玩具套装要近5000日元，可以想象在日本也会有很多小迷友留有深深的怨念。

◀ 如今这一品相的当年出品的玩具已经比较少见，我们透过外包装可以看出，它与天火内部的格局完全一致，但是外包装用纸却是高德特有的花纹纸，手感极其细腻。封绘上标明了变形的三种形态与驾驶员一条辉，是的，这时候要叫它在《超时空要塞Macross》里的名字——一条辉，因为在1982年还没有《太空堡垒》里的瑞克。

▲ 背面则是产品实物图以及VF-1S福克机人形三视图。

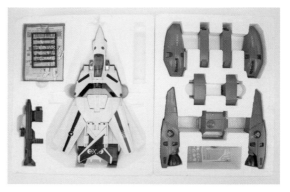

▲ 拆出内包装，看到的依然是双内包套件，和天火的格局完全一致。

取出套件，主体有沉甸甸的手感、油光锃亮的漆面，虽然与天火的质感接近，但它毕竟是黑白黄三色超级女武神，是我们关于《太空堡垒》最有分量的回忆！腿部起落架处的细节略有不同，超级女武神拥有更开阔的展翼空间，装配上SP背包后，VF-1S的配色与印花明显显得更为丰富、细腻，很难想象这竟是40多年前的成品玩具！

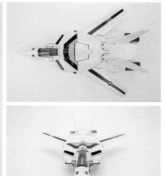

◀ 飞机形态。

▲ 装备了SP背包的超级女武神，色彩更加和谐。

▲ 守护神形态。

▲ 更加丰富的拉花移印让 VF-1S 更显精致，不愧为 40 多年前就被推上"神坛"的玩具！

而在当年，拥有一套AP外设女武神铠甲，你才算完整地拥有了一体VF-1的收藏！它拥有和SP背包相同的内包尺寸，因为当年高德还出过主体与AP外甲的套装包，模块化的内包设计可以随意搭配并更换同尺寸外包装进行销售。

▶ 当年主体搭配 AP 外甲的套装是 4980 日元，现在在海外二手平台 3000 元人民币左右可以买到品相较好的藏品。当然也有独立包装的，当年售价 1500 日元左右，现在 1500 元人民币左右。

◀ 馆长购买的是独立外甲，从内包相同的尺寸可以看出非常便于混合销售。

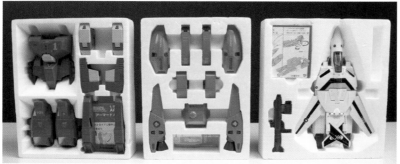

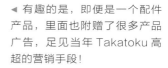

◀ 有趣的是，即便是一个配件产品，里面也附赠了很多产品广告，足见当年 Takatoku 高超的营销手段！

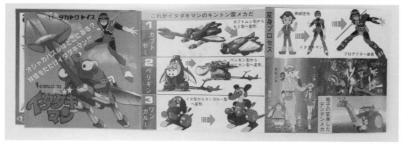

▲ 虽然它在动画片《太空堡垒》中极少出现，但玩具依然很受欢迎。组装之后，所有的导弹外仓盖都可以打开，和天火居然也十分适配！

　　这些就是馆长最钟爱的《太空堡垒》玩具收藏了，毫无保留地呈现给了大家，相信很多是我们的共同回忆。《太空堡垒》是一部发生在堡垒中的浪漫故事，它与《机动战士高达0079》不同的是，富野用战争告诉你，人与人之间是不会相互理解的，而《太空堡垒》却用战争告诉你，人和人是会相互理解的，市民与舰长的相互理解、对手与对手的相互理解、人类与天顶星人的相互理解……这是多么天真，多么令人向往。那么，年轻的朋友，你能理解我的收藏吗？

　　这一IP还有太多的玩具，我没有办法给大家一一展示，但《超时空要塞Macross》的故事直到今天仍在继续，而《太空堡垒》，永远地停靠在我们的心中！

10

童年的阴影

宇宙骑士D-boy

就像弗里曼在全片最后的点题——「人不可以忘记自己的过去，只有D-boy，遗忘是神赐予他的礼物！」而我们对这部作品却久久不能忘却，忘不了压抑的故事、精彩的机设、美雪的变身，更忘不了童年对《宇宙骑士》玩具的憧憬。

1975年，《宇宙骑士铁甲人》在日本上映，由今天大名鼎鼎的龙之子出品。"铁甲人"是"Tekkaman"的翻译，意思是一个很有技术的男人。但这部动画要谈的并不是技术，而是末世题材。可以理解，20世纪70年代，国际格局动荡，人类对生存环境不断反思。在这种惶恐不安的环境中，孕育了很多表达前卫、并不适合儿童观看的动画片。《宇宙骑士铁甲人》就是这样的作品，主人公南城二在第一集出场时父亲就惨死，后续的故事可以说都是带着复仇的情绪与外星敌人作战。然而，原罪却是破坏环境的人类本身。过于成人的命题和隐喻让动画早早地夭折了。我能理解，我在学校思考一整天了，回家还让我思考，麻利地给我换个轻松的动画片！所以原本的52集动画定格在了26集，但是，这个世界却错失了一部代表了时代思考的经典动画。

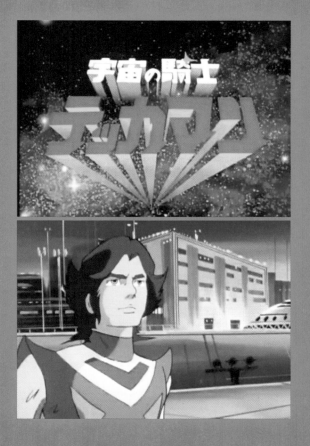

▶ 这是20世纪70年代《宇宙骑士铁甲人》的主人公南城二，看来，50年前机甲动画的人物作画水准还是可以的。这一形象在20世纪90年代的《宇宙骑士》中也以彩蛋的形式亮相过。

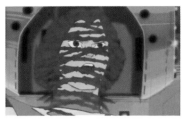

▲ 他变身的过程却异常恐怖，还好这部动画没有被引进，不然《宇宙骑士铁甲人》带来的阴影还要早上十几年。

▲ 这是当年的宇宙骑士，"宇宙"的感觉不太看得出，"骑士"倒是比较明显。

　　虽然遗憾地草草收场，但还是留下了值得纪念的玩具。《宇宙骑士铁甲人》也是馆长超喜欢的设计师大河原邦男先生的作品，以我们现在的审美一定会觉得设计有些过于古早了，很难接受，但我们可以从以前的设计中看到我们熟悉的雏形！可见最早的宇宙骑士玩具在外甲上使用了很多中世纪骑士的元素，才使得我们熟知的宇宙骑士如此尖锐，甚至脚上还有骑士特有的马刺，这在宇宙中真的用得到吗？令人愉快的是，伴随着宇宙骑士的还有白卡斯和蓝色地球号！即便是近50年前的强殖装甲作品，同样拥有超合金玩具与拼装玩具！

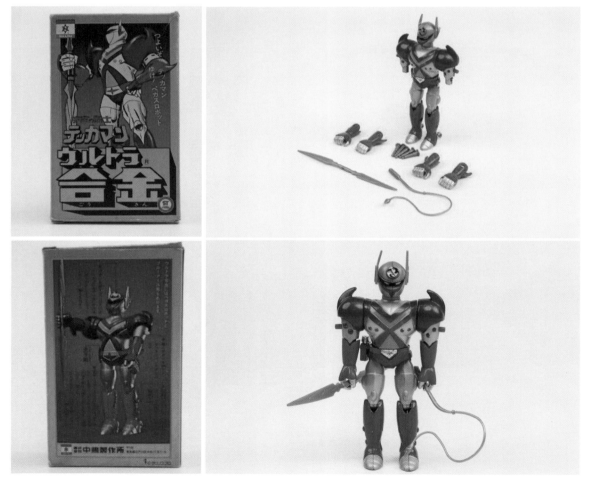

▲ 把20世纪70年代的超合金玩具保存成这样已经实属不易了，通过包装我们可以看到，宇宙骑士也是使用了超合金玩具当年最经典的包装，玩具主体给馆长最深的印象就是它太重了，绝大多数部件都是金属制成的，简直就是一个"人形铁砣子"。它的可动性非常有限，却具有手臂弹射功能。

◀ 拼装模型按出品厂家的不同也分不同的版本，我们可以看到，近 50 年前的机甲拼装模型虽然构造非常简单，但包装还是有模有样的。

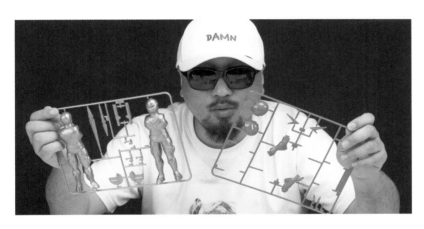

◀ 在视频节目中，馆长忍痛将其拆封！隔着屏幕我们都能感受到近 50 年前的气息，毕竟这么多年过去了，很多零件已经从板件上脱落，十分可惜。

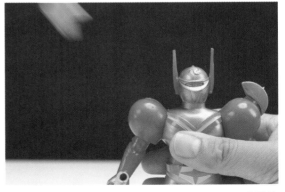

▲ 我们将这款近 50 年前的模型拼装了出来，步骤非常简单，铠甲上的图案全部要靠贴纸完成。每个时代的人们对模型的需求都不相同，当年的玩法设计并不是还原，也不是可动，而是弹射。

▶ 在视频节目中，馆长测验弹射，然后狼狈地满地回收发射物，这是观众们喜闻乐见的桥段。而这一模型从武器到肩甲都可以发射，着实让观众喜出望外。

▲ 另一拼装模型系列则十分小巧，应该是当年日本小孩们的宠儿，虽然体积不大，但居然还有场景搭配，场景中还有可动机关。想想当年把玩它们的孩子们如今也应该年近六旬了。

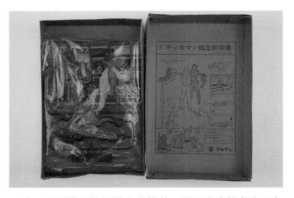

▲ 这一系列模型的板件十分简单，说明书直接印在了包装盒的内侧，可以看出一套四个模型，可以组合成一个场景。

▲ 20 世纪 70 年代《宇宙骑士铁甲人》中的反派被刻画得像一只蝙蝠。

▲ 我们熟悉的白卡斯在 20 世纪 70 年代的样貌和 20 世纪 90 年代的形象已经十分相似了。

▲ 蓝色地球号在这一系列中也有呈现，馆长在制作视频的过程中发现，20 世纪 70 年代动画中的蓝色地球号就已经有今天科幻片里十分热门的翘曲时空跳跃的概念了。

　　随着主角南城二冲向敌舰，一切戛然而止，所有的观众将回忆定格在了莫名其妙的那一刻。而龙之子却将这份遗憾雪藏了16年。1991年，刻在我们一代人回忆中的经典——Starknight Tekkaman Blade（《宇宙骑士》）带着尘封多年的遗憾面世了。故事的主体还是原来的框架，而宇宙变得更加阴郁而危险，敌人变成了妄图吸收宇宙万物的种族拉达姆，主人公也从南城二变成了相羽高野。而最主要的变化是，20世纪90年代的日本处泡沫经济时期，人们已经不想再反思人类自身进程与生存环境的大命题了，亲情、友情、爱情才是主旋律，这部作品紧紧抓住了这个命脉，给我们留下了难忘的童年阴影。

　　1994年，广东电视台引进了这部动画，主人公是一个坠入人间的拉达姆宇宙骑士实验体——相羽高野，人类为他的不稳定的力量起了个名字—— D-boy（Dangerous boy，即危险的男孩）。这个男孩太危险，每次变身宇宙骑士只能维持30分钟，之后就会走火入魔，敌我不分。

◀ 美雪就不多说了，这就是当年馆长印象最深的"阴影"。

当年，在街头巷尾时常能听见孩子高喊"Tekka set up"！当然，那时候孩子们并不知道这句话怎么拼写，却知道各大百货商店都有宇宙骑士的玩具，当年万代的拼装模型封绘非常漂亮，和其他老式拼装模型玩具一起放在柜台特别明显而耀眼，尤其是相羽星野的黑色机体，那是我见过的最酷的黑色机体，当时价格在25元~30元，在拼装模型中属于比较昂贵的了。我记得特别清楚，那是一个冬天，快过年了，我一个小学生就等着用压岁钱提货了，我每天经过那个小卖部时都会看上几眼，就盼着过年。终于有一天拿到压岁钱了，结果小卖部过年关门，寒假过后也没再开。我和父母回了北方，便再也没看到过那款相羽星野。今天，迷友们早已把最早的宇宙骑士模型全部收齐，但还记得当年你和它的故事吗？

◀ 20 世纪 90 年代最早的宇宙骑士玩具为万代的拼装模型，这一系列一共有四款，分别为宇宙骑士铁加曼 Blade（利刃）、铁加曼 Blade（利刃）进化版、素路铁加曼和铁加曼伊比路。拼装体验自然没法和现在大家熟悉的高达产品相比，但当它们在节目中亮相时，还是引发了迷友们的共鸣。

▲ 20 世纪 90 年代初由万代生产的第一批宇宙骑士拼装模型在当时还是非常惊艳的，这款铁加曼 Blade 也就是我们熟知的 D-boy 已经从身形和细节上非常还原动画了。肩炮也可以开启，在当年变形金刚直板人形的末期，这种更还原、更加可动的模型着实让我们大开眼界！

▲ 这是模型里附赠的说明书，现在看来拼装过程比较简单，但在当年能给我们带来一下午的欢乐。

▶ 这便是我儿时朝思暮想的当年出品的铁加曼伊比路万代正版模型。

◀ 钢铁战士和进化版铁加曼Blade！据说当年万代在这一系列中还要生产白卡斯，但不知什么原因取消了，非常遗憾。

◀ 这是山寨版的铁加曼伊比路模型，相比万代的正版，质量上还是有较大差异的。

之后的若干年，再也没有宇宙骑士玩具的消息了，可能是这部作品太过于虐心，也可能是我们慢慢长大成人，对玩具的关注少了。如今再细品这部作品，发现了除了D-boy和相羽星野两位主角，还有很多值得怀念的角色。

阴郁的剧情直到第7集因为一架机体出现了转折——白卡斯！人类研发的集僚机、坐骑、变身装置于一身的机甲伙伴，宇宙骑士不再孤独，人类战场有了转机，D-boy与白卡斯战胜了同为宇宙骑士的第一个宿敌铁加曼达加！从此故事也变得热血了，当年真的很喜欢白卡斯这个角色，既能变形，又能聊天，还能乘骑！这可是儿时的我们最理想的伙伴了。但是从动画播出之时，万代在开发模型时却因市场问题取消了白卡斯的发售，无数迷友非常遗憾当年没能拥有一个"大白"。但是，17年后，一件神物诞生了！

◀ 魂 SPEC 以内外甲套件及超可动为特色，产品包含了如《苍之流星 SPT》《机甲战机龙骑兵》和 EVA 等众多知名 IP。

2007年，万代超合金魂派生出了一个奇特的系列——魂SPEC，其中就包括《宇宙骑士》在2009年问世的一款作品。这可能是馆长执笔为止唯一一款拥有白卡斯的宇宙骑士套装了。

▲ 这就是魂 SPEC 宇宙骑士白卡斯套装，是馆长近两年在国内二手平台购得的，市场上存量不多，但相比之下也没有被捧成天价，到手价 1000 元人民币左右，这也是馆长最喜欢的宇宙骑士玩具之一。

▶ 这应该算是一套 3.75 英寸玩具，主体为铁加曼 Blade 与白卡斯。铁加曼 Blade 一身珠光白漆，十分高级，麻雀虽小，可动俱全！其腹部居然是由一个球关节连接的，武器握在手中，身形刻画得极其漂亮。

▼ 白卡斯的塑料和上漆工艺还保留着老玩具特有的扎实感和光泽度，虽然体内是空心的，方便 D-boy 进入，但依然非常有分量。人形方面非常还原白卡斯敦实可靠的造型。可动设计相对简单，但是依然可以配合铁加曼 Blade 摆出很多姿势。

◀ 体验一下铁加曼 Blade 的入仓，有趣的是，白卡斯的变形流程居然和多年前的动画一模一样。

▲ 在视频节目中，当馆长将二人以这种方式组合后，引发了众多迷友的共鸣！

　　毫无疑问，白卡斯的出现无论在玩具线上还是动画故事中都给我们带来了一段小高潮，但D-boy的同伴不止有白卡斯，还有代表人类科技的素路铁加曼们！

　　素路铁加曼原本出自人类的自大，凡人窃取了宇宙骑士的数据，妄图创造出更强大的人形兵器，但最终素路铁加曼依然加入了D-boy的行列，为原本阴郁的剧情增添了一丝热血！素路铁加曼巴尔扎克最终牺牲的场面，让当时的少年唏嘘不已！也让少年们知道了没有主角光环的凡人也可以成为英雄！所以，素路铁加曼是象征不屈凡人的图腾，也便有了收藏的意义！

　　作为收藏，Evolution Toy（一个生产机器人角色手办的日本品牌）的《宇宙骑士》成为最易入手的系列。自2019年起，它发布了五款《宇宙骑士》产品，包含了铁加曼Blade、阿雄、铁加曼达加等，而这一系列中最值得期待的就是来自凡人的英雄——素路铁加曼1型改和素路铁加曼2型！

　　▶ 驾驶素路铁加曼的两位高人气配角诺亚尔与巴尔扎克。

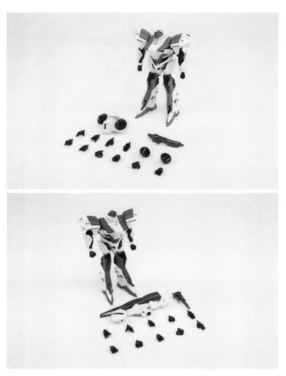

▲ Evolution Toy 的素路铁加曼 1 型改和素路铁加曼 2 型！

▲ 这两款人偶给馆长印象最深的就是奇怪的关节方式和非常多的手形配件。

▲ Evolution Toy 的这一系列人偶非常平价，但其他几个人偶无论细节、手感，还是着色都比较粗糙，馆长个人并不建议入手。

▲ 把两个素路铁加曼和魂 SPEC 大白套装放在一起，怎么样！是不是代表了宇宙骑士最热血的战力？

这么多年过去了，迷友们一直戏称《宇宙骑士》为"户口本骑士"，起因始于动画中的一位关键性角色——D-boy的妹妹美雪！

1991版《宇宙骑士》的编剧阵容是一个有20人左右的团队，他们就干一件事——"虐你"！无疑，美雪的出现就是他们最骄傲的手笔。当年创作团队需要再引入一个女性宇宙骑士加入人类阵营，但是正义果敢的角色已经有了阿琪，天真温柔的角色已经有了米莉，这个女性角色该给她什么样的人设呢？那就惨吧！编剧赤堀悟不惜拿自己老婆的名字命名了D-boy的亲妹妹，可见他是真心喜欢这个角色。动画第26集美雪被"亲朋好友"围攻致死的情景真的是这部作品中最难忘的场面了。

▲ 妹妹美雪的每次出场都牵动着我的心。

▲ 你是不是已经忘却了一些残酷的场景？没事，馆长用这些珍贵的影像帮你回忆回忆。

作为第二个恢复意识的宇宙骑士，美雪只能通过自爆来帮助D-boy并结束痛苦，从此故事也有了巨大的转折！连片头片尾曲也换了，D-boy正式开始走向户口本注销的道路，所以，美雪绝对是《宇宙骑士》中最沉重的回忆，也是我们难忘的童年阴影。那么自然少不了美雪玩具的收藏！

Armor Plus（装甲升级）系列是宇宙骑士迷友公认的最强收藏，隶属于万代，简称AP魂。它讲究的是合金铠甲的穿戴玩法，有一定阅历的玩家都知道，《魔神坛斗士》的AP系列的价格在当年被炒得很高，算是极具价值的冷门品。而在2010年，这一系列陆续开始开发《宇宙骑士》中的重要角色。2011年，世界上唯一的美雪宇宙骑士合金玩具诞生了！虽然美雪出现的次数很少，但我一眼就能认出你！

▲ 包装上可以看到"SG"的字样，这是 AP 系列的一个分支，含有 Stylish Grade（时髦、有品位）的意思。

▲ 在玩法上，这款产品却表现得十分单调，SG 系列并没有 AP 魂经典的铠甲穿戴，主体也非常轻，只有脚部有一点合金材料用于压站姿。现在市价快 1000 元人民币了，让馆长有点肉疼。仔细看发现这款产品与其他宇宙骑士的风格还是有很大差异的，全身漆面，有金属颗粒感。

　　而这一系列具有代表性的人物绝不止美雪，很多朋友都不知道《宇宙骑士》续集最初的企划，并不是我们今天看到的萌系OVA，你只有在限定ID纪念光盘中才能看到这部《宇宙骑士Miss Ling》。

　　《宇宙骑士Miss Ling》讲的是战争两年后拉达姆携异星铁加曼再临地球，为了挽救D-boy，阿琪采用人类的技术也变身为铁加曼。情节绝望到让人崩溃，前作中最阳光的人气角色诺瓦尔等人都领了盒饭，连阿琪都差点死在D-boy手下。还好最后D-boy恢复意识。在《宇宙骑士Miss Ling》中，阿琪也成了铁加曼，所以，这款阿琪的Armor Plus宇宙骑士人偶某种意义上也见证了一段不为人知的隐藏故事！

▲ SG 阿琪的玩法与 SG 美雪的相同，在设计层面无出其右，由于不是家喻户晓的 TV 版的周边，很少有人收藏。

但以上两款人偶并不能代表万代《宇宙骑士》AP魂这个系列，因为在诸多D-boy的人偶模型中，最被迷友津津乐道的就是这一系列的铁加曼Blade，分为普通版与电镀版两种。尽管宇宙骑士的外甲并不是穿戴上去的，但在十几年前，这样精细的玩具就如同动画一般，让人久久难忘。

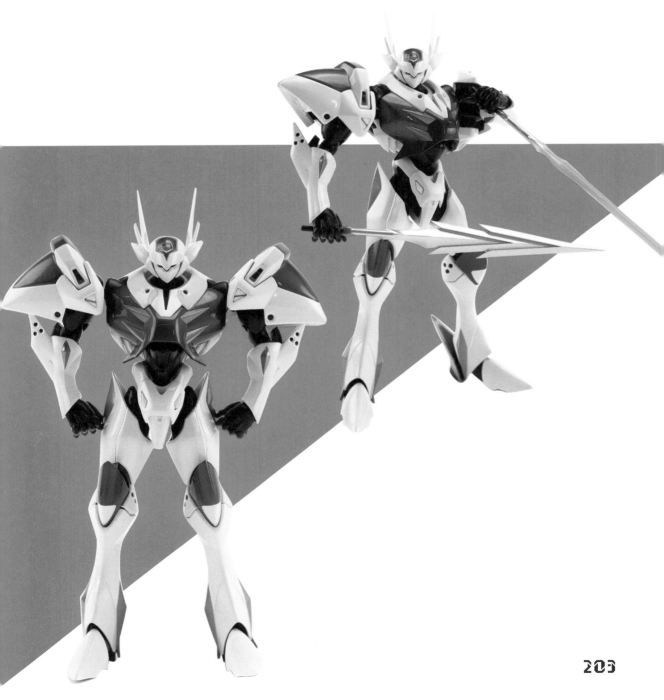

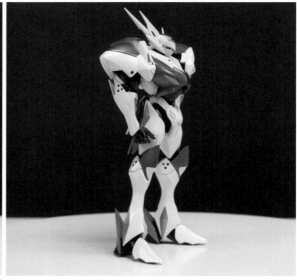

▶ 十几年前被迷友捧上"神坛"的 AP 宇宙骑士，现在看来无论身形还是可玩度，都是值得收藏的好物。所以，要说在迷友心中分量最重的宇宙骑士玩具，很有可能就是这一款了。

2022年是《宇宙骑士》30周年纪念，这30年里，除了前面的藏品，还有Figma、千值练等各大品牌的优秀作品，甚至近两年还有如橘猫工业, Sky Studio等国产品牌的加入，共同描绘着我们的童年回忆！

◀2012 年出品的 Figma 宇宙骑士是可动超棒的小型人偶，拥有未完全进入武装时的"大眼"头雕。

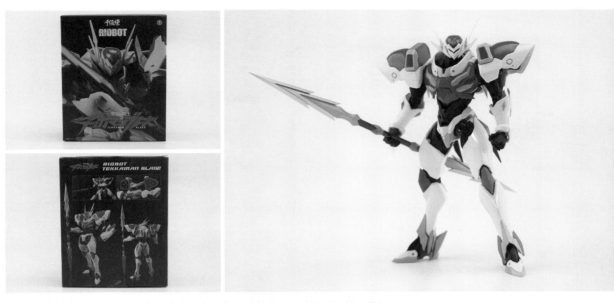

▲ 2020 年出品的千值练 Riobot 宇宙骑士是体形最壮硕、可动最耐玩的一款！

▶ 2021 年橘猫工业出品的拼装版是近些年唯一一款可体验拼装乐趣的宇宙骑士。

◀ 2022 年 Sky Studio 出品的合金版是近些年少有的带战损配件的可发光版本！

◀ 我在视频节目中反复比对各款产品，发现尽管是同一个人物，但定位不同，并没有太多的可比性。

　　最值得一提的是一款来自Threezero的作品，Threezero是模玩圈内大家非常熟悉的国产品牌，早期曾与Ashley Wood合创3A，在兵人圈与潮玩圈出尽风头。分开之后，作为Threezero亮相，主打机甲玩具，其中"ROBO道"系列收录了众多日系情怀作品。其产品在还原方面大家各有见解，但是从玩具设计、做工质量和把玩角度来看，它是馆长逢出必入的品牌。这款宇宙骑士也不例外，我愿称之为执笔至此综合素质最高的合金成品宇宙骑士玩具！

◀ 如果你被这篇故事勾起了童年回忆，想要入手一个综合素质较高的宇宙骑士人偶藏品，那么我非常推荐你去了解一下 Threezero 这个品牌的作品。目前市面上零售商和二手平台的价格都在 1000 元人民币左右，除了一些极其微小的细节并不还原动画，已经是市面上你能找到的最好的作品了。有时网上会有很多网友发表意见左右你的判断，但是馆长在收齐市面上所有同类产品后的判断更具有参考价值。

　　在以上这些作品中，有的是AF可动人形的佼佼者，有的在拼装领域重建了宇宙骑士，有的则是超合金玩具的新起之秀，总之，各有各的玩法。在录制视频节目时，我们充分展示了它们的特点。当时我很庆幸这么多年过去了，人们对这部作品并没有选择遗忘，也让我体会到了对于一部作品、一个人物，不同的人会有不同的回忆、不同的看法。

11 出发！

藏在泰国最深处的『玩具天堂』

馆长非常喜欢云游世界各地，去寻找最有趣的个人玩具店，因为一个有年头的个人玩具店可以侧面反映一个地区的玩具文化，也可以通过它了解一代人的生活面貌。而好玩的玩具店并不仅仅存在于日本、美国等玩具文化流行的地方，今天我们就去泰国的一个旅游城市——清迈，去找一个令馆长难忘的小店。

　　说来也巧，这一次远征还要从我喜欢的一项运动说起。馆长平时酷爱运动，最喜欢的运动就是射箭。说到射箭，我曾经想过开办一个关于射箭的视频频道，射箭是一项锻炼身体、磨炼心态的运动，非常值得推广。弓箭的种类很多，玩法也很多，我主打竞技复合弓，可能是受《第一滴血》中兰博的影响吧。

▶ 馆长曾经制作过一期关于《第一滴血》玩具历史的介绍视频。

▶ 没想到迷友们居然对视频中馆长科普的复合弓非常感兴趣！

馆长玩一个东西很容易入迷,苦练了几年后就到处参赛,名次真的不重要,重要的是可以发朋友圈炫耀,这比今天那些玩飞盘的"交际型"运动有技术含量多了。而这些比赛中名头最响、门槛最低的就是世界室内18米三连靶世界杯——曼谷站了。世界杯! 和全世界的高手过招! 听着很唬人,但所有射手都知道,不管参加什么比赛,其实都是和自己过招,因为射箭是一项和自己对话的运动,它能使你的心态更加平和,当欲望和想象被平衡,不再对外界奢求、抱怨,你就会进入一种非常幸福的状态。

▲ 这是馆长参加射箭世界杯时的雄姿! 前面说了很多显摆的话,所以我是不会把成绩告诉你们的。

其实这和把玩心仪的玩具一样,不知道你们有没有这种情况,玩着玩着就"入定"了。可能在旁人看来会比较好笑吧,但对我来说,二者之间确实有那么点相通性! 所以我这次来泰国比赛,也顺便找找好玩的玩具店吧。

泰国有不少玩具店,曼谷就有模玩街,而且泰国也有诸多国际知名的合金小车、金属模型的代工厂,所以玩具收藏氛围是很浓的。不过,曼谷的店大多没有什么特色,与国内的无异。

▲ 这是我曾经对泰国曼谷模玩集散地的一瞥,格局酷似日本东京的 Mandarake,但旅游城市的玩具收藏店客流稀松,远不如 Mandarake 热闹。

于是，我开始在网上寻找这次玩具之旅的惊喜，结果，还真被我挖到了宝藏！有一个叫"toy club"的咖啡馆，但它并不在曼谷，而在清迈，传说这是一个深藏在郊外，并让众多中古玩具、中古游戏收藏者流连忘返的地方！听着特别像玩具界的世外桃源。还传说很多游客到这里找回了儿时回忆，让我感动得哭了！这实在太吸引人了。馆长便和伟哥立刻奔向了泰国清迈！我属于那种出门在外生活不太能自理的人，所以出行都会带着伟哥。伟哥也是狂热的中古玩具痴迷者，这不但满足了他的心愿，旅途上也省去了馆长不少后勤上的麻烦！这个店就是他找到的。

不知道你们怎么吃大闸蟹，馆长的习惯是先把腿和背上的肉吃了，肥美的蟹肉和蟹黄总要留到最后。用高情商的话形容，这叫"仪式感"！我们好不容易到了清迈，先不急着奔向"toy club"咖啡馆了，去看看风土人情吧。

清迈是泰国北部的城市，环境优美，气候宜人，以玫瑰花著称，素有"泰北玫瑰"的雅称，且历史悠久，文化古迹众多。对我来说，这里是外国人养老的天堂，当地人大多生活简单，以从事旅游服务业为生，生活成本极低。而游客来自世界各地，有很多游客长期定居于此，各种文化相互交融，无论饮食还是娱乐都具有海纳百川的包容性，尤其是ACG文化，更是别具特色。

我们偶然间发现了一个拥有四层楼的服装店，老板一定是一个车模和军模爱好者，因为报废的老爷车就停在门口，光有车还不够，连报废的加油站设备也是他的收藏，可见情怀有多深。

◀ 老板也算是有经商头脑，打卡的游客络绎不绝，他们都要在店前合影，很像现在的网红店。

进去之后真是别有洞天，各种1∶18车模看得我和伟哥目瞪口呆，这根本不像服装店。各种比例的军模和兵人摆在各个楼层上，有些商品我们认得出出处，有的根本无从辨别。老板也并不是只收藏高档模型，便宜货也丝毫不受歧视地被陈列其中。显然，老板已经玩出了境界，并不在乎别人的眼光。遗憾的是，这是一家服装店，里面的模型都是不出售的。

▲ 小时候见过打着台球厅幌子的网吧，老板的这种经营方式着实能安慰那些陪老婆买衣服的"行尸走肉"。

1∶64的合金小车用糖罐收纳，各种罕见的游戏机并没有对游客开放，还有一些特殊的藏品已经超出了我们的认知范围。就这样，我和伟哥在这里逛了三四个小时，一件衣服都没买！

在泰国，这样的店还有很多，但旅途有限，尤其是你带着家人和朋友，更不能只活在自己的世界里。泰国的实弹靶场、丛林越野、大型夜市、宗庙古迹、夜间动物园等还是要好好体验一番，人生的乐趣不止收藏。

终于，我们来到了此次玩具之旅的最后一站——"toy club"咖啡馆！

如果没有伟哥引路，我根本找不到这个地方，说它位于城郊太勉强了，出门左转就是野地了，荒郊野岭怎么可能会有散客啊？都说"酒香不怕巷子深"，这家店藏得也太深了。

进去之后，馆长礼貌地和老板示意能否拍摄，老板是一个和蔼的中年人，两撇八字胡，有一些幽默。在获得许可之后，我们疯狂地扑向这些中古收藏，完全没有办法克制内心的激动。当然，老板对像我这样的游客已经见怪不怪了。这家店比我想象中的要小很多，但绝对别有洞天。在泰国是各种文化交汇的地方，由于历史原因，在泰国能淘到的多是日本昭和时期的老玩具。可以看出，老板非常喜欢收藏Sofubi软胶人偶，这也许是他的童年回忆。店里也有不少我们耳熟能详的藏品，从奥特曼到四驱车，童年的回忆让我们没有隔阂。

▶ 古旧的装修和玩具，这像不像小时候进了大户人家少爷的房间？

▲ 魔神、盖塔随处可见。

▲ 这里的收藏不止玩具，还有当年的各种轻周边。

▲ 这里没有奥迪双钻，泰国的迷友比我们少了一份特有的四驱体验。

▲ 这是日本昭和时期的各种奥特曼软胶。

▲ 在等老板制作咖啡的时候，我被他墙上的盖塔初代万代版拼装模型吸引，不久之后，我也有了一套。

　　这些收藏中也有不少是具有泰国风格的，非常开眼界，是我们在网上很难见到的。除了玩具，店内还有很多8~16位的复古游戏，"80后"迷友应该都认识。在这样一个晴朗的午后，点上一杯冰咖啡，玩上一会儿老游戏，人生竟是如此惬意。

▲ 这是泰国版的漫画，我本来想拿下来看看，但是老板包得实在是太用心了，不忍心打开。

▲ 这是馆长的游戏回忆——爽坏了的熊大。

在和老板的攀谈中，得知他并没有网店，我们立刻开始操心起他的经营。伟哥用他蹩脚的英文告诉老板怎样成为一个合格的玩具博主。后来得知，他也不是每天都营业，只有周末才来会客。虽然地点很偏远，但总有世界各地的人来打卡，我可能也算其中一个吧。而且有很多定居于此的外国人会委托他寻找玩具，真没想到这个浓眉大眼的家伙还是一个"玩具猎手"。当天真的就有客户来找这位"玩具猎手"求助，求助者还是一位外国大妈，让我不禁赞叹这家小小的咖啡馆所拥有的能量。

▲ 伟哥负责沟通，我负责玩。

▶ 在我小时候，这种场面多数是家长来店里抓孩子回家写作业，今天让我认识到世界范围内的玩具收藏者不只有宅男们，我看着这位大妈来描述玩具的时候眼里发着光。

　　一下午的时光很快就过去了，咖啡店的咖啡其实并不怎么好喝，但这里显然已经成了联系一群人的纽带。在店里，你会觉得时间过得很快，恍如隔世，如同进入了和自己对话的时光，再次让你进入一种非常幸福的状态。

　　在这样的时代，希望他能够坚守住这家小店。再见，"toy club" 咖啡馆！再见了，小小的天地，大大的梦想！希望有一天，馆长也能在国内拥有这样一片乐土！

12 青春的启蒙！

《城市猎人》与《猫眼三姐妹》

每个人的成长路上都会有属于自己的启蒙番，让躁动的你睡不着觉。而在馆长那个信息相对闭塞的年代，却有两部神作让所有人的青春萌动，它们就是《城市猎人》与《猫眼三姐妹》，而它们却出自一人之手——北条司。

北条司
漫画家

北条司，1959年生于日本福冈县小仓市，学习服装设计专业，时刻走在潮流的前沿。所以在他的作品中，充斥着20世纪80年代日本泡沫经济下追求的City Pop风，摩登而不失优雅。

▲ 北条司的创作风格与灵感皆来自当时日本民众向往的生活，明星们的写真自然成为他临摹的对象。

我最早接触到北条司的作品还是在20世纪90年代初，让馆长第一次看到写实画风的作品、性格各异的女性角色、各种大尺度的剧情……随后，年幼的馆长就把午餐钱都花在了书摊上。

▲ 当年《城市猎人》单行本的首刊。

▲ 当年，《城市猎人》作为 JUMP 漫画杂志的"四大天王"之一，与《北斗神拳》《七龙珠》《圣斗士星矢》齐名。同时期市面上有多种《城市猎人》漫画，其中《侠探寒羽良》最早面世，于是那个时代的少年至今都管冴羽獠叫寒羽良。

后来，星光卫视上映了《城市猎人》，《猫眼三姐妹》也在删减后登陆了国内电视台。但是在那个年代，饭点时和家长一起看《猫眼三姐妹》，压力还是很大的。那时馆长就在想，这两部动画的人偶玩具应该也很惊艳吧！那时候的少年谁不想拥有小瞳和伢子的陪伴？如果能在猫眼咖啡馆待上一个下午，何尝不是一件美事？

◀ 当年这两部动画看得我担惊受怕。

▲ 这样的镜头在《城市猎人》中经常出现。

▲ 《猫眼三姐妹》片尾的韵律操大家还有印象吧。

▲ 猫眼咖啡馆给馆长留下了很深的印象，这里是交流情报的场所，也是《猫眼三姐妹》中的男主俊夫放松的地方。如果能去这个咖啡馆和三位大姐姐聊聊天该多美好啊，相信这也是各位迷友最美好的回忆吧。

于是，馆长就像笨警察俊夫一样，苦苦地搜寻着三姐妹玩具的下落。因为这部作品并不是少年漫画，观众偏向于成人，而20世纪90年代成人对玩具手办的购买需求并不像今天这么多样，所以北条司作品的周边就和《灌篮高手》一样，多以文具和游戏为主。在搜寻的过程中，我发现了一些生产量很小的GK产品，这些产品由于对动手能力要求很高，并没有给当年的小朋友留下多少印象，于是我对《猫眼三姐妹》的成品玩具进行了持续探索。

▶ 这是早期的《猫眼三姐妹》模型半成品，当年在国内很少见，GK产品很少出现在馆长的收藏中。

但我们还是找到了北条司的《猫眼三姐妹》与《城市猎人》最早的一套玩具景品！

桥本公司本是诞生于20世纪50年代的五金制造商，1994年开始从事玩具业，被授权代工制作了大量集英社人物。在1998年，桥本公司出品了第一套《城市猎人》和《猫眼三姐妹》的北条司景品系列，据说这在当年是非卖品。还有挂卡包装的版本，由六人组成，猫眼方自然是三姐妹，城市猎人方则派出了寒羽良、阿香和海坊主。其中海坊主凭借出色的识别度让我认了出来，而其他两位光看头雕真的很难辨别。《猫眼三姐妹》真的是三姐妹，除了发型不同，共用一张脸，足见当年迷友对手办玩具的宽容度之高。现在在国内虽然流通得不多，但价格依然非常友好。

◀ 一套有六款，价格并不高，但凑齐一套还是要花些功夫。这套玩具分挂卡与盒装两种，据说盒装品当年在日本的游乐城曾被作为奖品，被归为景品类手办。

◀ 三姐妹通过服装还算好辨别，这套服装是第二季的服装，看起来更加性感，不知观众们有没有印象。第二季除了片头片尾曲换了，服装、画风也有巨大的改变，让人一时还有些不太适应。

◀ 《城市猎人》这组辨别起来就有些难了，如果寒羽良放下手枪、阿香收起大锤，估计大家很难认出这些人偶是谁了。

在这套作品之后,《猫眼三姐妹》当年出品的玩具便很难搜寻了,而《城市猎人》的玩具故事仍在继续!

进入千禧年,DVD时代来临了,无数经典影视作品都被典藏化,《城市猎人》自然也出了珍藏版,而随之附赠的特典便是寒羽良与阿香的景品了。就目前来看,这两款人偶应该非常少见了,但价格依然非常低,原因就是做工、面雕做得实在是离谱。试想,当我们看完典藏版DVD,正回味着过去思绪万千的时候,看到这两个人偶立刻就会被拉回现实。

▲ 十几年前的 DVD 典藏版套装广告与实物。

▶ 大家可以看出,相较上一款产品,十年不到的时间,人偶的工艺有了较大的改进。景品手办上再也看不到厚重油亮的漆面,量产玩具在喷涂工艺上也使用了渐变色,但是在人物面部的刻画上仍然不尽如人意。

之后,各路厂家纷纷出品了《城市猎人》的优秀藏品,其中"眼镜厂"BANPRSETO的景品便是佼佼者!凭借优秀的造型玩法和平易近人的价格,几乎成为迷友持有量最多的产品。

▶ 造型师×写真家系列是"眼镜厂"BANPRSETO 出品的非常值得推荐的产品。专业的模型造型师与职业摄影师的双重搭配,使每一个产品都具有很好的视觉效果。

▲ 每个单体人物的还原度很高，二者组合起来具有很好的视觉效果，无论仰视还是俯视，都不受角度限制，不仅便宜，产品也多，是馆长非常推荐的《城市猎人》玩具。

Hot Toys也曾出品过《城市猎人》的12英寸人偶作品，这是我没想到的。以影视写实兵人见长的品牌做二次元产品会是什么效果？选角为寒羽良与伊子两位人气角色，有点"甲方乙方"的意思。但毕竟伊子在最初的设定中是女主的人选，绝对有收藏价值。寒羽良附赠的漫画版头雕非常有趣，搭配起来有生动的效果。而伊子人偶配件的穿戴，直叫人血压飙升！

▲在视频节目中，我们见证了Hot Toys在动漫人物上的表现。

◄ 这是Hot Toys传统的包装形式，内绘是馆长最喜欢的《城市猎人》海报之一，左上角的"XYZ"与手铐细节满满。

◄ 配件非常丰富，馆长非常喜欢这个卡通的痴汉头雕。

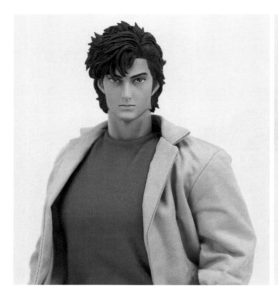

◀ 这个人偶只有形，并没有神，头雕从各个角度看并不是很像，但是痴汉装非常可爱。

◀ 拆开包装后，馆长比较好奇的是，伢子怎么会有阿香的百吨大锤？后来才想起来最初伢子才是女主的设定。其实二人也很合适，故事也很感人，只可惜"既生瑜，何生亮"，阿香与阿獠的感情故事太经典了，让人唏嘘不已。

▸ 建议 Hot Toys 还是在自己擅长的领域发力，二次元少女交给手办品牌会比较好，动漫人物的脸型有角度限定，立体化不容易，我们是知道的，可全方位、各角度的"坍塌"就耐人寻味了。

▸ 大腿上悬挂的飞刀是伢子最性感的暗器，但是作为兵人配件却非常难穿戴。在拍摄节目的过程中，馆长多次血压升高，不得不喊停。

▸ 这两个人偶完全只得其形，毫无其神，馆长就不推荐给大家了，毕竟一个玩具人偶的价格就上千元，大家看个热闹就好。

　　2019年的剧场版《城市猎人：新宿PRIVATE EYES》在万众期待下上映了，还是原来的声优，还是原来的味道。只是我们不再是启蒙阶段的少年，很多人不愿意接受《天使心》中阿香死去的设定，也许这部OVA便是对观众最好的慰藉。

　　万代旗下的MegaHouse隔年也出品了《城市猎人：新宿PRIVATE EYES》中寒羽良与阿香的比例手办，城市猎人也终于有了有手办级做工的藏品了。

▶ MegaHouse 是非常著名的手办大厂，早在归入万代旗下之前就以 Tsukuda Hobby 的品牌征战手办界，旗下 POP 系列海贼王手办是经典中的经典，那么快来看看它在《城市猎人》中的表现吧。

▲ 各位观众一定各有各的看法，馆长觉得身形姿态、涂装肌理、人物组合度都不错。然而，头雕虽然制作精良，但还是有微弱的型准问题。阿獠的脸短了，显得有些稚气。阿香的眼睛与嘴唇的涂装过于着力，显得太过成熟。看来北条司的人物绘画还是很难用立体的模型玩具来还原的。

在《城市猎人：新宿PRIVATE EYES》中有一处极其精彩的彩蛋，让猫眼三姐妹和城市猎人跨越时空相会在了一起，瞬间让所有北条司的迷友欢呼雀跃，老泪纵横。

那么，反观《猫眼三姐妹》，却鲜有代表性的玩具人偶，可能是人物服装造型的原因，玩具化后太简单古拙，难以有很好的市场吧，这只是馆长个人的猜想。但这一作品给我们留下了太深的印象，在20世纪80年代的日本，《猫眼三姐妹》也是让女性角色摆脱"花瓶"形象，拥有独立飒爽人格的经典之作，深深影响着后世！这是一部真正意义上的启蒙番！而对我来说，圆梦猫眼咖啡馆，只能靠自己DIY了！

▲ 这是一个非常大胆的尝试，馆长把 1:1 的人偶模特放在视频节目中，还原了自己儿时幻想的场景。

虽然人物非常不像，但还是会有一瞬间的恍惚，仿佛自己回到了那个刚刚启蒙的年纪，回到了北条司创造的经典岁月。期待今后会有经典的北条司作品的玩具，让我们的青春回忆拥有更美好的寄托！

13 冲啊！我们的四驱岁月

漫改动画作品《四驱兄弟》于20世纪90年代中期被引进国内！这时正值四驱车文化在国内发展的鼎盛时期！每个学校附近的文具店、玩具摊都会在门口设立跑道，每个小朋友都会有一辆自己向往的『豪车』！多么美好的时代！模型玩具加上动画《四驱兄弟》的加持，我们的青春就是不停地向前冲！

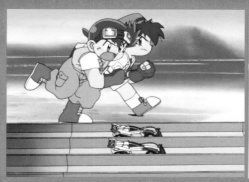

▲《四驱兄弟》动画珍贵影像，百看不厌的片头，百听不厌的普通话配音主题曲。

真正属于馆长的四驱回忆是另一部叫《四驱小子》的动画。"小子"和"兄弟"很容易记忆混淆，这两部漫改动画在国内上映的时间非常接近，可《四驱小子》却比《四驱兄弟》早了整整十年。1989年，《四驱小子》在日本上映，讲的是五个少年用四驱车来实现车手的梦想，热血的剧情与赛车的氛围在当年十分吸引少年。更有趣的是，片中讲解了很多四驱车的原理和奇思妙想的技巧，特别过瘾。

◀ 这是"兄弟"。

◀ 这是"小子"，在画风上差着辈分呢。

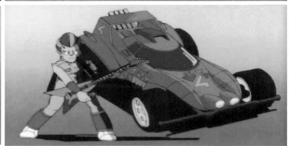

◀ 也许你已经记不住这五个少年了，但他们的爱车的名字还是那么朗朗上口！

　　这么多年过去了，还有很多迷友将这两部作品的赛车表现进行比较。可是，这两部作品中的比赛模式完全不同，《四驱小子》偏"真实系"一些，用引导棍来控制车的方向，而《四驱兄弟》就偏"超级系"了，控制基本靠吼！而且大部分车型也有非常明显的区别，《四驱小子》里的大部分车型更趋近于越野车，这与四驱车的发展相关，因为四驱车的模型历史远比四驱车动画要早很多。

　　早在20世纪40年代，人们就开始在模型里安装电机，随着经济的发展与科技的进步，20世纪50年代，世界上第一部RC（RC指的是遥控）遥控车诞生了！到了20世纪80年代，田宫稳坐了头把交椅，这种可以使自己玩具"改造升级"的玩法在日本极其盛行！1986年，田宫首次决定将旗下发售的几款RC遥控四驱车迷你化，其中20世纪80年代的超级大热门款是Hotshot（也被称为热射）！所以我们现在口中的赛道四驱车，应该叫四驱迷你车，当年真正火爆的是1∶10比例的四驱遥控车！

▲ 这是已知的世界上最早的通贩 RC 产品——增田屋斋藤 Radicon Bus。

◀田宫第一版 1：10Hotshot。

　　四驱车迷你化成功之后，这种全新形式的赛道式玩具车迅速风靡了日本，这辆火红色的3号Hotshot也便成为光出发的那一刻！现今第一套第一版的Hotshot依然可以在网络平台上找到，只是价格比较高。当年的车型编号为18001，迷友称之为热车或热射，底盘为T1型号。虽然同是第一款，但也分不同批次、不同工厂，其中无孔版最具收藏价值。根据生产线的不同，分为628小鹿版和37恩田原版，628小鹿版则代表了当年四驱车生产的最高工艺。馆长只收集到了37恩田原版，收藏之路还长，以后慢慢来吧。

▲ 这是田宫当年第一批迷你四驱车的目录，多以 Baja 车为主，第一辆就是火红色的 Hotshot，从上图中我们不难找到《四驱小子》的影子。

▶ 田宫第一辆迷你四驱车 Hotshot 的包装非常精美，虽然不是 628 小鹿版，但也是我费尽周折才搞到手的。录制节目时需要将它拆封拼装，馆长也是做了很久的心理建设。

▶ 不得不佩服当年田宫的工艺，30 多年过去了，板件依旧崭新、有韧性，贴纸也没有脱胶。

▶ 车型即使现在看来依然让人热血沸腾。T1 底盘、八孔轮毂、钉子胎，不加任何滑轮和配件，这就是迷你四驱车最初的样子。虽然把它放在赛道上依然能跑，但跑不快，通过轮胎等配置可以看出四驱车最初还是强调通过性的。

看到了四驱车最初的模样，回忆一下童年。馆长儿时一直想要一辆天皇巨星号！就是主角四驱郎的第一部车型，它曾经就被摆在文具店最显眼的位置！朋友们，你们儿时是否有这样的印象：文化少年宫里最吸引人的就是街机，儿科医院门口最吸引人的是玩具摊，文具店里最吸引人的就是四驱车赛道！这辆天皇巨星号具体是什么版本我已经完全没有印象了，当年也不懂什么版本，甚至都没有看过《四驱小子》的动画。只是因为这么多四驱车的包装上，只有它的盒子上有一个卡通人像，所以显得非常特别。但最终因为自己年龄太小、毫无动手能力，并没有如愿，只能看着比自己大的孩子一圈一圈地"试驾"。

　　日本漫画家德田肇在四驱车风靡的1987年创作了《四驱小子》这部少年漫画，并且连载了六年！虽然主角四驱郎的赛车更新过数量，但最早的天皇巨星号仍然是这部作品的代表车型。由于动画中有大量的野跑赛事，所以高底盘、钉子胎提高了通过性。田宫也将这辆车归到了旗下的第12款车型，所以最早的天皇巨星1号在早于动画的1988年就诞生了！它的底盘、内构，甚至经典的八孔轮毂、胎皮都和第一款Hotshot是一样的。

◀ 虽然街边的环境简陋，但小朋友们的内心世界是这样的！

◀《四驱小子》初版漫画书。

◀ 天皇巨星号在动画和漫画中都是标志性的存在。

　　馆长非常有幸地收集到了当年最初一批的初版绝品，而且是传说中的"628小鹿版"，是已知绝版中最好的版本！几年前以不到2000元的价格从国内的藏家手中得到，不知道今天是什么价格了。当然，为了和我频道的观众们分享喜悦，我还是拆包组装了。如果你有幸收藏到这款玩具可千万不要这样做，败家暂且不说，世界上会又少了一个顶级玩具藏品。

▲ 品相这么好的初版小鹿版在今天非常难找了，就是上面印着的四驱郎让我印象深刻！

▲ 这是当时节目中要拆封前馆长的表情，珍藏了这么多年要拆了，和嫁女儿的心情差不多。

▲ 说明书中右下角有"小鹿628"的字样，如果你的初版绝版收藏中也印着这个字样，那么恭喜你，你的收藏是当年出品的玩具中最优的批次，也是价格最高的藏品！

▲ 安装完成后，除了车壳，其他和Hotshot是一模一样的，这让我不得不惊叹当年田宫的"赚钱之道"。

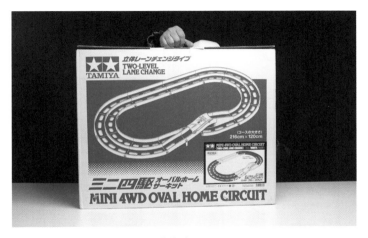

▲ 组装完成了，自然要开到赛道体验一下！

▲ 虽然速度并不快，但还是凑齐了"五小强"，体验了一下儿时动画中的场景，圆了自己的梦。

这套玩具极其珍贵，儿时在文具店中绝对看不到这个版本，因为我们的童年回忆中并没有这些日产货！四驱车并不只有田宫出品，当年日本静冈的大厂几乎都参与了这一赚钱的行当！

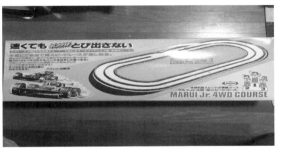

◀ 丸井的四驱车产品，当年的包装及配置规格不亚于田宫。

◀ 有井的四驱车产品。

◀ 今天车模迷们非常熟悉的京商，在当年也要分迷你四驱车的一杯羹。

◀ 静冈四社之一的老字号青岛社的产品。

尤其是万代！那个时候，"钱还不都是万代的"，所以它第一个把目标瞄准了中国市场的小朋友。1984年年底，中日合资的福万玩具有限公司（后文简称为福万）诞生了。

▶ 福万当年在国内生产的第一批产品。

这个标志给无数的"70后"和"80后"留下了美好的回忆，但并不是所有的回忆都美好。20世纪90年代初，福万首次将万代的四驱车带到了中国，不少富裕的孩子第一次接触到了这种神奇的玩具，高昂的价格并没有使这项"赛事"得以普及。而且传说当年福万四驱车的质量非常差，但是馆长是从不相信传说的，于是我找到了福万在中国投放的第一批赛车产品。我发现无论车壳还是底盘件，做工确实有些粗糙。飞边和水纹现象比较明显，贴纸已经完全无法使用了，齿轮卡位也不是特别精确。想想当年由于市场的缺失，小朋友只能花高价买它，确实有些亏。如果现在有朋友想要寻找儿时回忆来收藏的话，建议就不要拼装了。

▶ 这是福万第一批车型的其中一辆，叫作"猎手"。封绘还是十分好看的，虽然与田宫有着相同的设计，却一眼能感受到不同的风格。

▲ 拼装的过程是极其痛苦的，由于内部组件并不精细，导致多次返工才可以启动。轮胎也爆裂了，只能用其他轮胎示范，贴纸的胶也完全干掉了，没有贴纸的这款车型显得非常单调，但是在赛道上却跑得出奇得快，导致多次飞出轨道，为拍摄带来了不小的难度。

随后，由于一场公关危机，福万一蹶不振，而就在这一关键时刻，一个我们熟悉的名字、真正属于我们回忆的名字——双钻，登场了。

这些标志相信大家都不会陌生，在没有成为"奥迪双钻"之前，它叫Diamond，大家也叫它"双钻戴蒙德"，可能是出于规避版权风险，后期就不这么叫了。但早期它与田宫产品的关系可谓是众说纷纭，有人说是妥妥的侵权盗版，有人说是授权合作，还有人说是授权越线。虽然当事者并没有在公共媒体为当年的"悬案"定性，田宫也并不承认曾经有玩具合作，但从当年最早的产品来看，无论板件的细腻程度，还是安装的融合体验，都不像是没有官方模具的盗版产品，这也给我们的童年回忆蒙上了一层神秘的面纱。

▲ 这些标志陪伴了我们的青春。

▲ 在视频节目中，馆长展示了一辆 Diamond 时期的超级皇帝号，也是馆长非常喜欢的一辆车型，封面的印刷极其精美，这一时期的双钻包装精度与日版的相差无几。

▶ 板件的精度精确，几乎没有水纹，贴纸也十分精细，几十年过去了依然黏性十足。虽然和日版还是有细微的差距，但和明确的盗版产品相比，还是有非常大的差距的，这不由得让人联想当年是不是有什么不为人知的秘密。

◀ 组装完成之后，代表一代国人的童年回忆就近在眼前，作为一个怀旧又中二的老男人，是时候下场运动一番了！

▲ 馆长模仿《四驱小子》，使用"引导棍"与其他"小朋友"进行四驱车野跑比赛，路人看到了都"敬而远之"。

　　当年的小朋友用更低廉的价格买到了更优质的玩具，加上奥迪双钻对动画的引进赞助，一时间，四驱文化在中国大地火了起来。奥迪双钻趁热打铁，在国内展开了地推式的各种赛事，这种需要动脑、动手、交流的娱乐方式得到了家长与机构的认可。小到学校比赛，大到社区文化宫联赛，乃至全国团体赛，圆了无数小车手的赛车梦。你小时候有没有用胶布缠电机的经历呢？

随着时代的进步、游戏的丰富、网络的兴起，四驱文化逐渐淡出了我们的视野。但直到今天，迷你四驱车产品仍然没有退出历史舞台，国内仍有一些民办俱乐部在小范围地举办赛车活动。然而，今天的四驱车比赛是很难用肉眼捕捉到比赛中的车辆的。

　　而让馆长庆幸的是，我的儿子对四驱车依然有浓厚的兴趣，小学二年级的他已经可以独立组装完成四驱车，还时常叫嚣和我比赛。那就准备好跑道！装配好龙头、凤尾、前后滑轮！开足马力！三，二，一，冲吧！我们的四驱岁月！

141 高达！

屹立在大地之上的最初模样

机动战士高达的故事无疑是当今最受欢迎的内容之一，在你看到这本书的时候，它的玩具信息也许已经有了很多更新，我们今天就来感受一下高达战士最初屹立在大地之时带给我们的震撼吧。

▲ 馆长在节目中第一次呈现《机动战士高达》题材时，身着吉翁的服装，特别中二，让不少酷爱高达模型的迷友关注到了在下。

细数2021—2022年国内的ACG大事件，一定有自由高达立像落地上海这一事件，无数的机动战士迷友前去"朝圣"，绝对是机甲迷和高达迷的狂欢。迷友的年龄跨度也很大，从拖家带口的大叔到哭闹撒泼要买模型的小朋友，都能准确地说出很多机体与驾驶员的名称！足见这一IP强大的影响力！而在20年前馆长刚刚开启收藏之路时，它的影响力在国内还远不如变形金刚等作品，但如今的场面让人震惊！这也见证了这些年来国内模玩消费群体的变化和我们一代人的老去。

◀ 自由高达立像落地上海金桥，总高度 18.03 米，引得无数迷友前来参观。馆长曾经在节目中带家人前去其所在的高达基地体验。

▶ 高达基地中除了贩售商品，还有大量的机动战士完成品供人们欣赏！

▲ 我很兴奋地问儿子看中了什么，他看中了万代南梦宫出品的自由高达雕像。当然，最后我用仨瓜俩枣就把他打发了。

▲ 这是在高达基地被认出馆长的玩家所拍摄到的画面。

　　说起自由高达可就有得聊了，但又没啥可聊的，因为自由高达实在太家喻户晓了。自由高达出自《机动战士高达SEED》，这部机体对于国内的迷友应该是极具意义的，当年无数"90后"迷友通过地方电视台、网络频道和音像制品观看了《机动战士高达SEED》。随着时间的推移，是"SEED"这颗种子，让机动战士文化在国内年轻人群体中生根开花。

　　"高达"是一个极其庞大的体系，不同地区有不同的叫法，近些年从动画到游戏再到模玩收藏大家对高达早已司空见惯！因为篇幅实在有限，今天就跟随馆长的收藏来浅浅地窥探一下高达最初鲜为人知的辉煌！

　　馆长是高达UC系列的爱好者，"UC"即"UC纪元"中高达故事的主脉络世界线，始于UC0079。1979年，《机动战士高达》的动画诞生，由日升公司制作，富野由悠季担任导演，安彦良和担任人物设计，我们机甲迷最熟悉的大河原邦男担任机甲设计师。这部动画以地球为原点，宇宙为舞台，谱写了气势恢宏的机甲太空史诗。

▲ 老 UC 迷友喜闻乐见的场面。

　　在这里，我要澄清一点，并不是和馆长一样的中老年人才喜欢早期UC题材，很多年轻的迷友也会返回来恶补这一经典系列，甚至很多老模型都是青少年迷友推荐给馆长的，可见经典促成忘年交！

"丰乳肥臀"的机甲与高达中的"劳模"

　　馆长最喜欢"丰乳肥臀"的机体！儿时看过太多诸如《装甲骑兵》《太阳之牙》的玩具或贴纸，虽然当时并不知道机体的出处，但只要看到就会充满幸福感，由于求而不得，多年后便养成了只要看到圆润的机体就会心动的"怪癖"。

▶ 当年影印的大河原邦男的机体海报，我用"丰乳肥臀"形容，没人反对吧？

对于痴迷大河原邦男机甲设定的我来说，《机动战士高达》有太多的MS（Mobile Suit, 机动战士）系列机体值得收藏！在大多数"坑外人士"的概念中，高达的模型就是万代各种比例的拼装产品！是的，20世纪80年代挽救高达这一IP的正是万代的拼装部。早期的高达拼装模型并不像现在按RG、HG、MG、PG等划分品类，而是大多收录在"最佳机械收藏"系列，这一系列活跃在1980年到1984年，其封绘最大的特点就是印有机师的全身像。由于当时高达的拼装模型并没有单独分类，1:144的比例都杂糅在"最佳机械收藏"系列中，统一售价为300日元，所以在这一系列中，你还可以看到其他动画中的机体。

▲ "最佳机械收藏"系列的第四作就是1:144比例的元祖高达，是世界上第一款官方拼装高达模型，成品极其古拙，通体蓝白色。这款模型最有趣的是，自发布以来进化再版出几十种版本，所以玩家在市场中能看到千奇百怪的"最佳机械收藏"系列元祖高达，也足见高达在当时的受欢迎程度。

▲ 馆长非常喜欢"最佳机械收藏"系列，封绘特别有味道，但我并不喜欢拼装，不信你看，现在的你能接受当时的模型吗？左边的第六作夏亚专用扎古诞生于1980年，由于开发周期过短，相比元祖高达缺少很多分件设计，脚部与小腿成为一体，连站立都不平稳，被誉为"最差扎古模型"，设计师村松正敏在后面的扎古产品中弥补了这一缺陷。

▲ 这一系列的高达作品不仅有MS系列机甲，也有各种载具战舰，由于300日元的成本控制，比例并不能完全做到1:144。之所以出大量飞船战舰模型是因为担心高达的机器人卖不掉，现在看来这个担心太多余了，这一系列的战舰在当年甚至还不如右下角的机甲武器配件包卖得好。

▲ "最佳机械收藏"系列中的其他作品。

到了今天，关于高达玩具的比例和拼装，能讲的内容实在太多了，大家都非常熟悉了，就不再赘述了。馆长爱购买MG系列1:100级别和HG系列1:144级别的产品，本来喜欢MG系列产品，但感觉近两年万代拼装部对MG系列的开发并不是很令玩家满意，HG系列倒是层出不穷。如果你是初次尝试，就在HG系列的规格中挑选自己喜欢的机体吧，馆长偶尔也会尝试RG系列1：144，但是太细小、太烦琐了，不适合我这样的"手撕派"。而且从2021年看，RG系列的产品价格有被销售商家炒高的趋势，让真正的迷友们怨声载道。

▲ 这是"手撕派"馆长早期素组拼装的 MG 系列作品，是最喜欢的大魔、钢加农和铁奥，都属于圆润丰满型。无奈馆长的动手能力有限，完成品实在是缺乏观赏性。

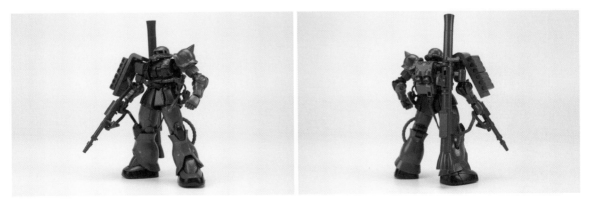

▲ HG 系列中我最喜欢的可能是 GTO 系列的扎古。

▲ 性格倔强的馆长也曾尝试过拼装 RG 系列，最后放弃了，是伟哥替我完成的。对一个"手残党"来说，拼装的痛苦程度和带孩子写作业差不多。

看了馆长的素组，各位是不是忽然觉得自己的拼装能力也还可以呢？那么就给大家看一看真正的胶佬（指专门玩高达模型的人）的作品来洗洗眼睛吧！

◀ 这个蓬头垢面的人叫"桂言"，我的好兄弟！是不是很符合你心中胶佬的形象？他在 B 站也拥有自己的频道，时常出一些教学视频，只是没什么人看，但馆长非常喜欢他的参赛作品！

▲ 这些都是这位兄弟拿过奖项的作品，希望以后馆长也能拥有这样的手艺。

说回玩具，前面你只看到了老UC迷对老吉翁军模型的喜爱，很主观，很片面，但是如果从高达的机甲里挑一台机体来介绍，那就不能不提到联邦的元祖高达RX-78-2型，UC早期主角阿姆罗的起始座驾，贯穿了整部《机动战士高达0079》，被称为"白色恶魔"。如果你不了解原作，那么只要知道它是高达系列中标志性的存在就可以了，在模型中堪称"劳模"，在各个规格和各个系列的模型中屡次再版，我们也要准备开启对高达模型最早的探秘之旅了！

▲ 大河原邦男的机设与馆长视频中出现的早期拼装版产品的复刻品。

提到元祖高达模型，馆长有很多难忘的收藏回忆！在探秘之前，先简单了解一下元祖高达现在的样子。2020年，日本万代推出PGU元祖高达，成为最精细、最划时代的拼装元祖高达作品。馆长第一次在节目中颇为勇敢地尝试了涂装，创作了"独一无二"的红色元祖高达。"初生牛犊不怕虎"，第一次上手就选择了最高难度，最终效果姑且不谈，动手过程是极其兴奋的，我也算是完整地体验了胶佬的乐趣。

▶ 这是元祖高达现在的样子，这款 PGU 产品也是万代拼装部 40 年来的集大成之作。网上有很多相关的资料和作品以供欣赏。

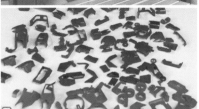

◀ 这是馆长一次勇敢的尝试，成品效果虽然不如众多高手的作品，但我已经非常开心了。这里也是想告诉大家，对于高达模型的创作，要敢于尝试，连馆长都可以，你一定没问题的！

在这款PGU作品的包装上，我们能看到"40周年"的字样，40年来孜孜不倦地开发一款模型，造就了这款神作。关于高达的往事回忆并不只有拼装，甚至在这之前，并不只有万代，接下来让我们一起回到光出发的那一刻，探寻不为人知的"元祖秘密"！

高达的史前文明与馆长的观展奇遇

Clover（三叶草）株式会社是日本东京葛饰区的一家玩具制造商，始于1973年，由小松志千郎创立，1983年8月宣布破产。在它运作的十年里，开发了很多角色类文具与玩具，其中包含了很多"超合金"系列延续下来的锌合金压铸工艺机器人玩具，而这其中，就有我们今天的主角！早在1977年，也就是高达动画上映的前两年，三叶草便投资和日升公司合作《机动战士高达》的玩具，当年的企划将其命名为"G Fighter"系列，这一系列中拥有相对廉价的纯塑料制品，也拥有价格高昂的DX超合金系列。但由于对市场和购买群体判断失误，再加上与动画原设有较大差异，这个系列并没有得到很好的市场反响。

▲ 早期杂志的复印品，世界上最早一批由三叶草开发的高达产品。

反而是万代接棒之后，通过和日升更加紧密的合作和更有前瞻性的市场判断，才用拼装类玩具挽救了垂死的经典IP，而这一举措竟使《机动战士高达》风靡了40多年，赚尽了我们的零用钱。后面的故事我们都知道了，而很多人不知道的是，当年失败的三叶草真元祖高达由于特定的历史地位及稀缺性，如今竟在玩具收藏圈被炒成了天价。无数"钢普拉死忠"迫切地想要得到它，将其作为纪念珍藏，这样一个接近"邪神"级别的RX-78-2型高达价格动辄上万元，究竟什么样的人会买？

恰恰我就买了一个——DX合金普装版本，是四年前在海外竞拍平台从一众外国人手中夺得的！当时的价格只有2000元人民币左右，现在可能会更贵一些，将来我还会慢慢把这个系列收齐。

▲ 馆长在第一期高达视频节目中就秀出了这个罕见的老物，给迷友看一个新鲜。

▲ 在今天看来，这款玩具和高达迷友心中的模型是大相径庭的，它完全是超合金制法，没有一丝真实系的细腻，肩部的炮台也出卖了它先于动画故事的事实，可动设计更是十分古拙，拳头甚至还保留了古老的超级系机器人特有的弹射功能。

但没想到的是，这竟是我的元祖高达奇遇的开始！2019年，一次机缘巧合，"高达之父"大河原邦男先生来沪办展，我有幸作为媒体可以近距离接触到这位我最欣赏的机甲设计师！这种感觉怎么形容呢？就好像山里的妖怪终于等到唐僧来的这一天了，我怎能轻易放过他？必须得让他签个名！于是当天我带了两个玩具去参加活动，也许参加活动还自带玩具的媒体只有我一个人吧？

记得活动办得很成功，第一次近距离接触"高达之父"，他给我们讲了很多创作高达时的趣闻，但是他说的是日语，我没听懂，只记得翻译说在创作扎古的时候制片方并没有要求玩具化，所以老先生放飞自我，设计了大量当年难以塑形的曲面、尖角与烦琐的细节。后来接手的玩具开发商万代应该费了不少功夫。

▲ 细心的观众可能会发现，这个元祖高达的头顶并没有画完，当时没有媒体发现，只有我迅速上去和这个"半成品"的签绘合了个影，太有纪念意义了！

当天我非常幸运地近距离欣赏了偶像的手稿，那些"丰乳肥臀"的机甲第一次以最初的相貌出现在我的眼前，从《机动战士高达》到《太阳之牙达格拉姆》再到《装甲骑兵》，全是我大爱的机设，这勾起了我无限的购买欲望！如果主办方在现场售卖模型，恐怕要大赚一笔了。

▲ 现场还展出了很多大型机甲塑像，不过没有手稿那么吸引我。

◀ 当天我还见到了中国机甲大咖孙世前老师和他的作品，体验了一把驾驶"眼镜狗"的快感。孙世前老师很友善，还记得他最后和我说的一句话是："快下来，大河原邦男过来了，要拍照了！"

▲ "铁粉"逛展必须消费！

一天下来，我非常满足，你们从文笔中可以感受到馆长的快乐吧？没错，当天确实有种小学生春游的心情，但最满足的就是大河原邦男真的给我签了名！我委托现场的工作人员将珍贵的玩具递给他，很遗憾没能将他签名的瞬间拍摄下来，但我相信当他拿到手里的时候，也能体会到当年初创时候的情形吧。而我的这款收藏也便成了世间罕见的藏品，它可能在全世界算是独一无二的了吧。

▲ 世上罕见的拥有大河原邦男签名的、超稀有的、Clover 版本的元祖高达，是馆长可以吹嘘很久的"镇馆之宝"。

　　不知不觉我们讲述了一款玩具怎么从20世纪70年代的没落变成今天收藏圈中一票难求的硬货！这就是今天要和大家讲述的故事，回头来看，这个故事跨越了40多年，比大多数迷友的年龄还大。而故事中，我们的主角也并没有什么过人之处，为它赋能的应该是这些年来人们对这一题材的不断创新，不断为青少年们带来更多的模型作品、更多的影视故事和更多的童年回忆吧。

　　馆长与元祖高达的故事只是高达世界中无数的故事之一，我们多次在节目中一起探索它给我们带来的回忆和感动。但是，它的故事是讲不完的。

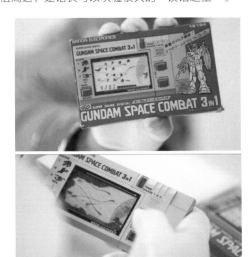

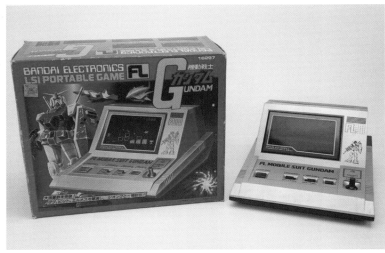

▲ 在以往的视频节目中，我们还曾一起探索过最早的高达游戏——*GUNDAM SPACE COMBAT* 的故事！

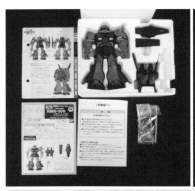
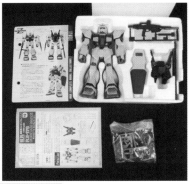

◀ 一起探索最早的万代高达成品模型 HCM 的故事！

高达在大地上屹立了40余年，拥有庞大的产品体系，至今还拥有无数迷友热切的期望，它也依然在创造着更多的惊喜。高达的故事还很长，那就交给时间来慢慢书写吧。

15 玩在德国！从游戏展到小火车

美国E3（Electronic Enterta-inment Expo，电子娱乐展览会）游戏展、德国科隆游戏展、日本东京电玩展是世界三大游戏展，德国科隆游戏展是玩家们一年一度的盛宴。馆长从事游戏行业十余年，也便有机会跨海参与。给馆长印象最深的就是德国科隆游戏展了，因为这次玩具模型之旅的体验非常浪漫！

德国科隆游戏展的前身是始于2002年的莱比锡游戏展，2009年展会才搬到科隆，目前是欧洲最大的游戏展。临行之前，馆长还有点不屑，这能有多大？科隆的人口才100多万，再说从电视上了解到德国人晚上不都是逛酒馆、看球赛吗？ACG用户应该不多吧？

然而，我从进馆的那一刻就开始打脸，科隆游戏展整体比美国E3游戏展要大得多，而且玩家十分狂热，几乎所有互动都要排队。如果说美国E3游戏展更注重游戏作品的发布，那科隆游戏展更像是玩家社群的聚会！光复古游戏展区就能让馆长足足待上一整天，像PC Engine、C64等这类在欧洲非常流行的家用游戏机是很少在国内出现的，一些街机品类更是见也没见过。沉浸在别人的童年回忆中，我感受到了满满的异国风情！

▲ 请自行感受欧洲玩家的疯狂，游戏发布现场的热闹程度堪比演唱会！

◀ 在街机区和复古游戏区，不管你们认不认识，都可以一起游戏。一开始馆长还十分腼腆，后来也跟德国朋友玩起了《街头霸王》！说实话，他们真不是我的对手，馆长让他们好好地看了一下什么是"中国功夫"。可惜打得很忘我，没能记录下来。

而让馆长没想到的是，这个ACG文化绝对处于亚文化的国度居然真正做到了"ACG不分家"，其他展馆居然有和游戏体验区相同面积的玩具周边展区，并且现场售卖！一开始我以为应该多是游戏的周边，但没想到品类还是很全的，从拼装玩具到手办应有尽有，但就一个字——贵！价格普遍都要比国内高1/3。但偶尔也会遇到便宜的或国内比较稀缺的藏品，这就要看你是不是内行了。在科隆，很多人不讲英文，所以讲价也变得很困难，有机会去体验的朋友一定要做好功课，还是会遇到很多惊喜的。

▲ 在这么多玩具手办中，两样东西卖得最好，一个是美国 Funko（一个为流行 IP 做大头玩偶的衍生品开发商品牌）的洛克人，另一个是"眼镜厂"或一番赏的景品，主要是龙珠系列。但是它们的价格比国内的高很多，早知道我进一批货来摆摊了！

走出游戏展，科隆也是一个非常值得来的城市，只要步行约1千米就来到了这座小城的灵魂之地——科隆大教堂，这个教堂从12世纪就开始建造，过了六七百年才竣工，是哥特式建筑的典范。这个世界第二高的教堂高150多米，在人少的清晨进去，你会感到无比震撼，也能寻找到内心的宁静。

　　顺着莱茵河畔，我们可以找到很多德国本土餐厅去体验当地美食。在科隆，评价一个餐厅是否地道主要看它家的啤酒好不好。因为德国菜很简单，大多是肘子、香肠、猪排配上土豆和酸菜。馆长虽然不善饮酒，却是吃肉的行家。德国肘子分南北做法，馆长站南派，以烤为主，皮脆得像锅巴，外焦里嫩，配上啤酒，头几口好吃到无法形容，但其分量太大，总让我无法坚持吃到最后。

▲ 美丽的莱茵河畔抵不过飘香的肘子，馆长在科隆待了近十天，有空就要到这家店来吃肘子，据说这是当地最有名的百年老店之一，可惜我不会念店名。

▲ 这是多么美好的回忆，要不是后面还要讲玩具见闻，我说啥也要多放几张美食图。

　　聊到德国的特产，在德国的收藏圈什么模玩比较受欢迎呢？主要是各类的车模与静态军模，其中火车模型最具代表性。我是听另一位旅居德国的朋友介绍的，他叫"巴特曼动手玩儿"，也是一位模玩类的播客。有时候我们这些"同行"也常交流，将产品推销给"同行"，甚至把对方拉入自己喜欢的"坑"，那是很有成就感的事！而这次，他差点成功了！

▲ 德国常有模型展览，火车沙盘必是展览的重中之重。

这是一家叫"科技模型店"的店，名字听上去很质朴，这是离我住的酒店最近的一家店。我进去之后发现看店的是三个老人，扑面而来的是百年老店的感觉。一般一家玩具店里的年长者多为老板，但这家店真分不出谁是话事人，老人都讲德语，也很难沟通，所以很难聊出趣闻，那就独自欣赏吧！

▲ 火车模型店和其他模玩店不同的是，火车模型相对较小，没有什么高度，也没有视觉中心，展示起来比较吃亏，你从远处看会觉得模玩密密麻麻的，让你无从开始。

这家店内的火车模型多以德国本土品牌为主，PIKO（一个德国火车模型玩具品牌）的产品居多，市面上的火车模型多为德国、美国、英国、奥地利和日本生产的，当然也有中国生产的。熟悉动力火车模型的朋友都知道收藏者多按比例收藏，分为：G比例1∶22.5、HO比例1∶87、N比例1∶160。当然如果是纯静态模型，比例规格要更多一些。大众玩家更接受HO这个比例，馆长也比较倾心于这一比例，可以和我的1∶64车模及场景完美搭配。这家店可以逛很久，从蒸汽内燃机到磁悬浮电车，宛如一个小型火车博物馆，不同的是，你可以将它们带走。大部分刚"入坑"的迷友一定对火车头最感兴趣，一般一个HO比例的车头价格在1000元~2000元人民币，纯塑料的车厢也在200元~500元人民币，再加上轨道电机、场景布置，"入坑"门槛还是比较高的。

▲ 当天馆长想挑选一个车头作为纪念，但购买过程是非常艰难的，型号种类千奇百怪，我在挑选的时候既兴奋又紧张，毕竟价格较高，总怕一步错步步错，再加上又无法和店员沟通，只能凭外观和性价比购买了。如果迷友们以后有机会尝试，一定要提前做好功课。

　　火车模型相对于拼装静模是昂贵的。首先是因为它的成本比较高，很多工艺需要手工完成，并且含有大量的金属材质，对动力及声光的要求也比普通玩具高。再者，在国际市场它也不是非常大众，产量不高，所以成本也较难控制，加上很多玩家的家庭空间受限，可能受众终归是我们这些"大男孩"了。

　　最后，我还是购买了一款车头和入门手册，回国后我又置办了最简单的轨道布置，当小火车启动的时候，一种莫名的快乐涌上心头，它会让我回想起这次科隆之旅的点滴，以及这个酷爱机械精工的国家带给我的浪漫回忆！

16

玩大的！

电子游戏厅里的玩具回忆

2011年，馆长有幸担任了微电影《玩大的》的主创，并饰演主角之一『敦子』一角。这是一部极具情怀的电影，也是中国第一部以电子游戏为主题的微电影，当年在网络上影响不俗，想来它也是馆长今日开办节目的原动力。

▲《玩大的》微电影的珍贵剧照，是否勾起了你的岁月回忆？

　　游戏和玩具都是儿时求而不得的东西，那些随着当年热门动画进口的玩具在特定的历史时期并不是每个家庭都能承受的，所谓得不到才望眼欲穿，带不走才刻骨铭心。游戏厅带给大家的快乐又何尝不是？在那个年代，父母绝不会同意小朋友出入游戏厅的，那里鱼龙混杂。在父母眼中，当你踏进游戏厅的那一刻，好像便宣告着与清华、北大失之交臂。小时候偷偷去游戏厅，那里的氛围是非常地下的，很怕被家长抓到。时光一晃，这么多年过去了，再也没人阻止我们去游戏厅了！但当年的游戏厅也都没了，这是时代的遗憾，关于游戏厅的记忆变成了相伴终生的美好回忆。那么，今天我们就为游戏里的玩具开个头，来聊一聊馆长开"游戏厅"的故事。

除了漫画、动画，我们还有游戏的儿时回忆，由游戏衍生出的玩具收藏也是极具代表性的。每个时代有每个时代的游戏体验，现在的游戏玩具周边多如牛毛，3A大作（指高预算、高体量、高质量的单机游戏）必有雕像，少女卡牌游戏必出手办，你甚至可以通过一个游戏的玩具周边种类的多少来判断这个游戏的受欢迎程度。但是在20世纪80年代和90年代，电子游戏却是终结玩具黄金时代的存在。我们曾在节目中展示了大量拥有时代烙印的电子游戏，那时电子游戏与玩具还没有那么泾渭分明，在节目中也深受收藏爱好者的喜爱。

▲ 这可不是什么 VR 体验设备，现在的年轻玩家们肯定想不到 20 世纪 90 年代初还有任天堂 *VIRTUAL BOY*（《虚拟男孩》）这种 3D 游戏机。

◄ 在任天堂 FC 红白机的年代还有诸多我们儿时没有见过的新鲜玩意儿，这个机器人可是任天堂的明星。

◄ 我还曾做过日本游戏机题材的节目，这些游戏机与今天的游戏机都有着巨大的差异，但与玩具有着紧密的联系。

这些玩意儿虽然极其有趣，也有收藏意义，但终究不是属于我们儿时的回忆。前些年，馆长去参加在美国洛杉矶举办的美国E3游戏展，对古董玩具钟爱的馆长其实对新游戏发布并不太感兴趣，因为3A大作早晚可以玩到，但是古董玩具很难得，所以我在复古游戏区久久不肯离去。在这里可以看到几十年前流行的各种千奇百怪的游戏机，让我十分开眼，也十分眼馋。

◀ 流行于 20 世纪 70 年代末的各种雅达利主机。

◀ 除了主机，还有各种掌机，让人眼花缭乱。

◀ 亲眼见到的世界上第一款可更换卡带式掌机。

▲ 复古游戏区旁边便是街机区，美国街机文化最辉煌的时期便是 20 世纪 80 年代，我自然应该待在街机区，这里的气氛让我这个 40 多岁的"大男孩"十分舒适。

就在会展的复古街机区，馆长忽然发现了一个好东西——迷你复古街机，这种迷你电玩完全复刻了20世纪80年代最经典的街机造型，色彩鲜艳，质量极好。而且这并不是一个简单的模型，是可以操作游戏的。每个框体只对应相应的游戏，完全复刻了20世纪80年代和90年代最火爆的《打蜜蜂》《大金刚》《吃豆人》《魂斗罗》等，可以说还原得完美。此外，它的尺寸可以完美搭配6英寸~7英寸人偶。这时，一个念头在馆长的心中萌生了！

◀ 这些迷你街机陈列在售卖的区域，每台价值 200 元 ~500 元人民币，这可比国内随处可以下载到的街机模拟器贵多了。不过，现场还是有一些逛展的外国玩家会买一个留作纪念。

馆长随即就将身上的盘缠全部消费在了这些迷你街机上，在当年带回到国内还真算是新鲜玩意儿，很多同好都很感兴趣。不久，国内也出现了很多仿制品，质量还是高下立判，但机种的多样性足够让我完成一个童年的愿望——开一个小型的"游戏厅"！

想开一家游戏厅，一共有三步，首先要有游戏！先来看看咱们游戏厅的游戏吧。

▲ 这些大多是 20 世纪 80 年代的经典街机，其实是我国街机文化盛行之前的游戏，也是"光出发的那一刻"。

　　有了游戏，第二步需要一个厅。馆长和伟哥商量再三，最终决定采用木结构来建造一个游戏厅场景，主要是因为木板便宜，随处可得。结构做好后，我们采购了一些家具、家电，打印了一些软装，又贴上了灯条。经过一番折腾，居然真的有一点当年街机厅的模样了。

▲ "玩大的游戏厅"终于落成，可贵的是每台游戏机我都能玩上一把。它们虽然迷你，但能上手操作，每当馆长疲惫时，都会来这里"消遣"。

有了游戏厅，第三步就是开张营业了。游戏厅就像是江湖，有人才是关键。你可还记得儿时一起去游戏厅的玩伴？可还记得游戏厅里热血沸腾的场景？这些都随着时间消逝了。我一时感到伤感，索性，我们把儿时的"老朋友"都叫回来吧。

▲ 为何一转眼，
时光飞逝如电，
看不清的岁月，
抹不去的从前，
何不让这场梦，
没有醒来的时候，
只有你和我，直到永远。
——《忘不了》

　　这间"游戏厅"一落成，就有几十万观众在视频节目中光顾了它，用现在的话说，它成了"网红打卡地"。回忆是相通的，大家都在这间"游戏厅"里回到了从前，馆长收获了共情，留下了难忘的回忆，不知道你有没有感受到这份感动呢？

　　那么在接下来的篇章里，我们来一起穿越时空，回到过去，探索一下当年大热的游戏之下，有哪些不为人知的游戏玩具吧！

17

豪由根！

最早的街霸人偶

所有的老玩家也许都为《街头霸王》吃过苦头，辛苦攒的钱，偷偷去游戏厅，排几十分钟队看别人打，终于轮到你了，结果打几分钟就结束了。多么美好的童年啊！但是谁能想到，我们记忆中的《街头霸王》，居然也开发出了街霸玩偶！

▲ 回首往事，滚滚红尘，玩家雾里看花，如梦如幻，春丽却未曾改变。

2019年，在美国洛杉矶E3游戏展上，一次偶然的机会，我遇见了著名游戏制作人——小野义德。小野义德在1994年加入卡普空，他的简历太长，我只记得他是《街头霸王4》的制作人，这就够了！缘分真是妙不可言，不是妙在茫茫人海中我们相遇了，而是妙在相遇之前我在展会上刚好淘到了几个好价的《街头霸王4》人偶玩具！于是我狠狠地让他签了几个名，还合了影，这种机会在国内十分罕见。如果你在二手平台上看到了天价签名版街霸人偶，那一定是在下的了。

◀ 缘分天注定，七分靠打拼！在美国去要一个日本人的签名，这在语言上还是有难度的，要不是我的一口东北话感动了他，很难在混乱之中要到这两个签名！

虽然在馆长执笔之时，小野义德已经不在街霸项目组了，但街霸的故事在馆长的生命中始终是一个难忘的篇章，这就要从我们初识的时候开始说起了。

　　20世纪80年代末，著名游戏公司卡普空（CAPCOM，日本电视游戏软件公司）开发了对战游戏《街头霸王》，并在1987年推出了街机，一时间风靡全球。但在20世纪80年代，这些经典街机游戏我们都是通过家用机移植版见到的，因为那时在国内开游戏厅还是一件新鲜事，小朋友们也大多玩不起。直到1991年《街头霸王2》的面世，它才彻底被国人所熟知。

　　20世纪90年代是国内街机文化普及的时代，对战类格斗游戏凭借多样的操作、激烈的对抗和丰富的人物成为游戏厅里被围观率最高的宠儿。因为对战玩家多，游戏币又贵，所以都是稍大一点的高手在玩，我们小孩就这么站着看，一看就是一天。每个人物、每个招式我们都看得滚瓜烂熟，这可能就是最早的"云玩游戏"的雏形吧。

　　离开游戏厅，升龙拳就是20世纪80年代和90年代的小朋友们之间一种非常高级的情感沟通方式，"豪由根"更是朗朗上口，这是主角隆与肯的绝技，一拳从下到上一飞升天！对战类游戏最有趣的就是出彩的人物不止有主人公，每次离开游戏厅，馆长最惦记的就是春丽，她作为游戏中唯一的女性，还是我们中国人，武功招式十分伶俐好看，处处彰显着扎实的下盘功夫！

　　这么多年过去了，街霸更新了很多版本，但馆长还是只会玩《街头霸王2》，也还是当年那最初的12个人让馆长心潮澎湃，这也许就是"初恋"吧。那么，当年如日中天的街霸人物有人偶周边吗？离开游戏厅的小朋友会玩哪些玩具呢？当年春丽的人偶又是什么样子的呢？

▲ 上面的游戏截图是春丽在游戏的迭代中发生的不同变化，她的招数逐渐丰富，形象也逐渐成熟。动漫和影视作品中也不乏她的身影。

　　小时候能在游戏厅玩得起街霸的小孩少之又少，能见到街霸人偶的更是寥寥无几，能拥有一个街霸人偶更是想都不敢想，那得是什么家庭？而馆长恰巧就有这么一只——桑吉尔夫的霹雳人！"霹雳人"这个称呼对于北方的孩子都不陌生，它是一种用皮筋套作为腰部核心的超可动小人仔。还记得那是我妈奖励给我的，我已经忘了为什么奖励，只记得霹雳人在学校小摊上是2元一个，批发市场的价格是8元10个。儿时最兴奋的时刻就是从茫茫玩具里挑出十个人偶来。忽然间，我就在人群中发现了它，那个朴实的苏联老大哥！没想到霹雳人中还有我玩不起的街霸！于是我立刻将它拿下，可惜没两天就在院子里弄丢了，于是我的记忆中就有了街霸人偶的影子。

▲ 只能用现在的散货收藏和我儿子模拟一下当年我挑选"霹雳人"的盛况了。

◄ 桑吉尔夫当年正是"万花丛中一点红",我一眼就认出了它。而且非常幸运的是,所谓的"霹雳人"都是正版人偶的"厂货乱拼人",能有一个全身零件原配的实属不易,当年我还觉得它的形象过于另类,遗憾没能挑到一个像隆或肯这样的帅哥人偶。没想到多年后,自己也拥有了这样的造型。

互联网普及后,馆长凭借记忆开始查阅资料,才发现了今天这一段奇妙的故事。玩家们都知道卡普空特别爱搞联名乱斗,而且这种习俗早在20世纪80年代和90年代就已经盛行,那么《街头霸王》作为20世纪90年代卡普空最火热的IP之一,当年免不了在玩具上一顿联名操作。

在20世纪90年代,孩之宝在玩具界绝对是最响亮的名字之一,凭借变形金刚等产品的成功在当时家喻户晓。而本着强强联手的理念,游戏界顶级的卡普空带着最热的《街头霸王2》找到了玩具界顶级的孩之宝,并选中孩之宝当年的头牌——《特种部队》!于是,世界上第一个街霸兵人诞生了!

▲ 这是当年《特种部队》与《街头霸王》联名玩具的初版海报。

在20世纪90年代初,《特种部队》玩具已经在O-ring关节时代逐渐走向没落, 硬核科幻军事题材已经逐渐向环保题材、宇宙探索、恐龙及魔法等众多领域发展, 与格斗游戏联名自然也在情理之中! 当馆长儿时最喜欢的街机游戏配上馆长儿时最喜欢的玩具产品, 往前冲就完事了。而且当时市面上个别人物的挂卡价格并没有被炒高, 我很轻松地拥有了世界上第一个也是我人生中第一个春丽玩具! 当前两年我在视频节目中隆重地介绍并拆包时, 全场居然沉默了, 是的, 玩游戏的和玩玩具的观众都沉默了。

▲ 从馆长请出藏品的方式就知道拆包现场是多么隆重。

▲ 挂卡的正面非常好看, 也很具有代表性, 是《街头霸王2》和《特种部队》的联名 logo。春丽的立绘则表达了当时西方人对东方美的诠释, 还标有人物的特殊玩法——撩阴腿! 人偶的主体与配件清晰可见。

▲ 但是仔细一看, 总觉得更像是"成龙版"。

▲ 背面则是产品展示和另外 11 个人的全系列头像, 我本以为画师只对春丽的相貌有误解, 没想到其他人的画风也十分抽象。人物卡还是保持着 20 世纪 80 年代和 90 年代标准的挂卡传统。

◀ 馆长恼羞成怒地拆开了包装，得到了一个表情嚣张的女性人偶，可以看到人物主体和游戏中的形象只是颜色接近，先不说款式，单说胸前挂一个手雷是什么意思？街头霸王只是在街头打架，用得着这种杀伤性武器吗？春丽的腿部也进行了改变。

▲ 游戏中从未出现的十八般兵器都配齐了，春丽也是样样精通。

▲ 挂卡上印着的玩法果然名不虚传，人物的胯部设有弹簧，可以拉动，后退松手便会向前踢腿，由于关节行程很短，所以最多只能踢到裆部附近。

▲ 当年孩之宝还出品了春丽的异色版，这也被我收齐了。

◀ 在节目中，馆长不得不拿出近些年 Storm Toys 出品的现代春丽玩具进行比较，我自然知道没有什么可比性，只是希望年轻的朋友不要对我们当年的女神和我们儿时的品位产生什么误会。

我个人能理解当年市场需求和制作条件受限，儿童可能也并不在乎这些细节，但这和今天的春丽人偶比起来，也确实是太潦草了，这压根就是用特种部队其他男性的头雕改的呀。观众们看到馆长重金买到的春丽都喜笑颜开，纷纷留言"恭喜"。但他们没想到的是，当天的春丽只是暖场！

经过多年的积累，馆长早已将最初《街头霸王2》中的12人全部集齐，并在节目中一口气全部呈现。它们各有特色，也都身怀绝技，当它们集结在一起，代表了一个时代的经典，也代表了一个玩具收藏者的坚持，自然，观众也给了这期节目最高的敬意。因为其中有些人物极其难找到，十分罕见，不光需要海外辗转，还需要足够的耐心与财力。终于，馆长的心愿了却了，我们来一一鉴赏吧。

◀ 肯是我儿时最愿意用的角色，因为他的升龙拳判定高，对于我这样的"少儿莽汉"，"遇事不决升龙拳"是唯一一掌握的江湖口诀！但无论是封绘，还是人偶，看着都像长了一副反派嘴脸！肯的特殊玩法便是手臂装有弹簧，通过拉动可打出升龙拳。这款未拆封人偶在当年的价格是 300 元 ~500 元，今天可能会更少见一些。

◀ 隆是主角，一个日本人硬生生被画成了西洋人，好在人偶刻画得还算漂亮，服装也相对贴切，并且与肯不同模，也算良心之作了。隆当年的价格稍高一些，未开封挂卡的价格在 500 元 ~700 元，也是很少见。

◀ 桑吉尔夫算是我童年的好朋友了，多年之后桑吉尔夫重新归队，封绘也是神采奕奕。印象中桑吉尔夫的玩具非常便宜，价格在 100 元 ~300 元，这么多年过去了，就它不争气啊。

◀ 达尔锡给儿时的馆长不小的冲击，它的脖子上挂着三具头骨，手伸得比路飞还要长，还会喷火。小时候我们听他发招时的语音便是"火的孩儿"，太吓人了。我记得这款产品好像是我用 300 多元买到的全新品。

◀ 我超级喜欢本田这个人偶，孩之宝为这个人物特意开模肥胖素体，还使用了布料衣着，看起来非常有排面，和一群"霹雳人"站在一起，它就是最闪亮的崽儿。以前我打游戏都用它练手，非常简单，所以对它格外有好感。但当我知道它的人偶价格后，就没那么喜悦了，这个品相的全新品在海外平台的售价为1000 元左右。

◀ 古烈也有着令人印象深刻的造型。儿时在街机厅，表哥告诉我这个人的招最好发，后前拳、下上腿，我就信了，没想到却是操作蓄力较难的一位。其人偶从头雕到服饰很还原，价格也不高，记得我是花了200 多元在国内的平台入手的。

◄ 在我小时候，布兰卡是仅次于达尔锡的童年阴影，它是拥有兽人模样又会发电的怪物，还很难打。儿时根本就没有渠道得知它们的背景故事，就会有各种各样的传言，最离谱的是小学同学讲述他本是一个小岛上的游客，先被蛇咬中了毒，全身变绿后又掉进海里被电鳗电到变异，最后爬上来报复社会。长大后，我居然愿意相信以前的传言了。眼尖的读者可以看出它的头雕和肯是一样的，它的全新品当年的价格在 300 元 ~500 元。

◄ 这是最不好收藏的"四大天王"了。四人当中，馆长最喜欢拳王拜森的配色，收藏这个人物时还有一段心酸的故事。早些年我在某宝上看到一位二手卖家以 300 元不到的价格在售卖，放进购物车后因一念之差竟错过了，之后很久都没有再看到。直到多年后临近节目制作，只好从海外加急购买，加上运费和税费共计花费约 2000 元。

◄ 巴洛克，我们在儿时一直叫它钩王，也是极具特色的人物。记得刘德华曾饰演过这个角色，所以在我的儿时印象中，它是一个花美男。事实证明也的确如此，只是觉得大家都赤手空拳，只有它用暗器，属实是不讲武德。人偶价格馆长记不清了，应该是 300元 ~500 元，不算太贵，就是很少见。

◀ 砂盖特是儿时人气超高的角色，非常霸气，也会升龙拳这一招式。有些人看着就很厉害，它就是那种看着闻风丧胆，打起来发现套路很简单的类型。人偶胸前的一道疤做得过于血腥了，不过看在厂商新开模的份上就算了。它也是一款很贵的玩具，1000元左右能买到完美的品相。

◀ 最后一位是维加，我小时候一直以为它是警察，它是对战中出场率极高的角色。其操作在低端场属于比较简单的，看着它的人偶一脸正气的样子很难想象它是最终反派。它的价格对不起它的霸主地位，我是花了200元购入的，而且当年存货还很多，属实是最平易近人的一款玩具了。

有趣的是，这一系列还有游戏外的产品，毕竟是《特种部队》的产品线，怎能没有载具场景？我们也第一次看到了维加的座驾，充分地展示了当年街头霸王最终反派不为人知的拉风的一面。

◀ 这一系列出品了三款载具和一款场景。馆长只收了最终反派维加的战车，因为喜欢它的造型，盒子的包装要比特种部队同规格的载具小很多。在节目中，馆长第一次激情拆包，和观众们共同见证这一值得纪念的时刻。

▲ 正面封绘看着让人激情澎湃，街头的霸王都开上战车了，可以从小窗看到附赠的人偶是绿色版的维加。

▲ 背面是产品展示及人物卡。

▲ 现场拆包之后，我们发现大多是需要拼装的板件，不过当年美系玩具的拼装更倾向于玩具而非模型，还是很结实的。

▲ 精明的孩之宝在给拼装说明书时，还不忘附赠自己玩具主线的产品广告海报。不过海报对我没有什么吸引力，因为上面的产品我早就收齐了。

◀ 非常难得的是，载具的附赠人物是一款有护肩的版本，更加还原游戏形象，而且有护肩的版本在市面上并不多。

◄ 铺开里面的配件，贴纸还都完好如新，准备享受童年时未感受过的快乐！

▲ 拼装过程还是十分简单的，最后整体的造型和质感相较特种部队早期的载具还是相去甚远，显得十分低幼，这也是馆长不愿意收集后期载具的原因。但整个过程还是充满乐趣，相信以后馆长还是会情不自禁地将它们一一收齐吧。

　　"遇事不决升龙拳！春丽摆腿滴答滴！"要说街霸在我的人生中留下了什么意义，那还真说不上来，毕竟我不是职业电竞选手。小时候我打得很烂，自己来气不说，在游戏厅还被人欺负，回家被家长知道我去游戏厅后还要遭数落，可谓是豪由根引来的"帽子戏法"三连杀。但是那种快乐是前所未有的。就在馆长执笔之时，正值《街头霸王6》欲出之际。经典往复，从不停歇，不知春丽以后又会变成什么模样？但不管如何变化，春丽依然年轻，就像这套玩具中的12位经典人物，将一直留在"玩大的博物馆"，将那个年代永远留在我们的心中。

10 绝后！

《双截龙》的身世之谜

《双截龙》是『80后』儿时经典的游戏回忆，在当年这是非常接近街机厅游戏的横版卷轴动作类游戏！所以儿时谁家里能有一张《双截龙》的大黄卡是非常让人羡慕的！这么多年过去了，我依然可以熟练地使用『旋风腿』，但却总有一个疑问——为什么如此经典的P系列在今天没有出新的玩具人偶呢？在当年，最初的《双截龙》玩具又是什么样的？

　　《双截龙》最早发行于1987年，是由Technos（日本一家现已破产的电子游戏开发公司）推出的街机动作游戏。由于《双截龙》的制作团队是李小龙的影迷，所以设定上经常能看到截拳道的影子，蓝衣服的角色叫李比利，红衣服的角色叫李吉米，剧情基本都是围绕着英雄救美展开的。我们玩的是任天堂FC红白机的一代、二代和三代，其中二代和三代堪称经典，百玩不腻。小时候我就觉得这个副机的红衣服吉米很讲义气，每次通关后都眼巴巴地看着主角比利把解救出的女友带走，人家是儿女情长，吉米是舍生取义。后来，在我经常出入街机厅后才发现，大部分横版动作游戏几乎都是这个套路，主角的故事非常丰富，而配角放到现在就是在线陪练，是可以收费的。

▲ 馆长儿时最先玩到的是《双截龙2》，非常类似街机的玩法与紧张的配乐让我欲罢不能。长大后，我迫不及待地收藏了当年的原版日版游戏，它在国内二手市场流通量不多，而且很贵。2018年，馆长有幸在日本东京秋叶原的复古游戏店淘到了一盒品相极好的产品，当时售价为500元人民币左右，这才有幸见到了原版的真容。

◀ 在众多任天堂 FC 游戏中,《双截龙 2》的通关结尾音乐给馆长留下的印象最深。

◀ 如果馆长儿时印象最深的任天堂 FC 游戏是《双截龙 2》,那么《双截龙 3》就是馆长儿时最喜欢的任天堂 FC 游戏。它有更加紧张刺激的剧情与音乐,前期的反派成为后期的帮手。做完这期视频节目的当天,我狠狠地打了一次通关。同样,它的原版卡带也是价格不菲,毕竟,承载了太多少年时的回忆。

◀《双截龙 3》的剧情在当年过于神秘和紧张,给儿时的馆长留下了童年阴影。能选择四位人物是极大的体验提升,馆长最爱用的是日本的忍者。

◀ 馆长在视频节目中展示了这一作品的原版说明书,故事情节谜团的解开加上如此 Q 萌的画风,相信很多玩家的童年阴影便也随之消散了。

《双截龙》在馆长的童年记忆中就是谜一样的存在，当时的小朋友都没有玩过这款游戏，非常少见。成年之后，我在模拟器上找到了，体验之后就草草收了一盒美版裸卡了事，因为玩起来太无聊了。

　　长大后，我开始收藏当年的老游戏，发现《双截龙》有诸多版本，当年几乎所有的游戏平台都有这哥俩的身影。但由于发行地区的差异，不同的版本对二人的刻画也完全不同，甚至连人种都十分模糊。童年的经典不应如此，我相信当年最早的玩具应该会解开《双截龙》的身世之谜！

▲ 各个游戏平台的《双截龙》作品画风迥异，有些让人哭笑不得。

但是，通过游戏的渠道却很难打探到玩具的情报。

20世纪90年代初期正是这一IP大火的年代，甚至还有真人电影。无奈，粗制滥造的剧情与质量在当年并没有受到玩家的好评，现在看来，甚至有些离谱。馆长和助手伟哥试图从真人电影中找寻玩具周边，但收视率如此不堪的影视作品，几乎不会有玩具投资的可能。

◄ 这是当年真人电影的宣传海报，看着还挺有模有样的，观看正片之后发现还是很难坚持看完，剧情低幼、特效粗糙、演员表演很出戏……馆长在此就不介绍了。

1993年，《双截龙》被翻拍成了动画！相信很多国内的迷友都在《小神龙俱乐部》里看过这部动画——《双龙记》！由于这部动画面向儿童，所以游戏中的一些成年向设定被修改了，还加入了很多花里胡哨的变身及武器，但也正是如此，《双截龙》最早的玩具人偶终于有机会面世了！

▲ 很多看过《双龙记》的迷友甚至没有察觉到这就是游戏《双截龙》的改编动画，游戏中的人物从来不拿剑、不戴面具，也不变身。

▲ 不得不承认，这就是世界上仅存的《双截龙》玩具的出处。

Tyco（泰科）这一玩具品牌始于1957年，最早制作了HO火车模型！20世纪80年代末90年代，初Tyco凭借积木与赛车产品的热销曾一度扩张且并购了大量玩具公司，开始涉足可动人偶系列，也一度出品了众多在当年很火爆的IP人物，《双截龙》就是其中之一。

全套一共七个人物、三个载具，外加一件儿童周边，其中，当数全新未开封的比利和吉米，还有二人的跑车座驾最难得到，但是馆长还是有幸在海外的购物平台将它们收齐了，见证了30多年前《双截龙》走出游戏的风采！

▲ 在视频节目中，当馆长搬出全套《双截龙》人物玩具和载具时，观众们十分兴奋，尤其是懂行的老迷友。他们知道，国内能收齐这套如此冷门的玩具的玩家并不多。

首先，主角二人的人种设定终于明确了，和我们小时候印象中的差不多。其他五个人物都是动画角色，几乎都没在游戏里出现过。挂卡依然是20世纪90年代风靡的设计，包含了人物封绘、主体、配件、人物卡，以及产品列表，方便你"入坑"。

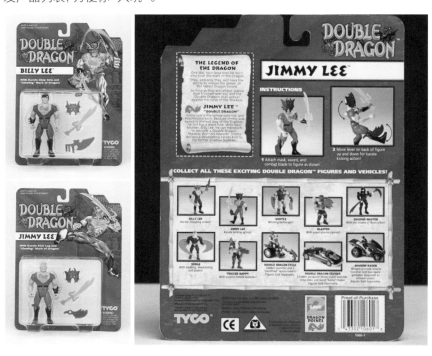

◀ 全新品相的比利和吉米相对稀少，只能从网购平台购得，价格不高，邮费倒是不便宜。挂卡是标准的格式，正面有人物封绘、玩具主体、配件，背面则是人物卡与全系列人物展示。

▲ 其他的"群众演员"倒是非常好收集，价格也低，一口气打包购买就行，可能是因为对《小神龙俱乐部》的回忆没有像对任天堂 FC 游戏的那么精彩，这些游戏里对不上号的人自然也不怎么受欢迎吧？

人物的可动设计非常简单，是像20世纪70年代末Kenner星战式的5处单向可动设计。但部分人偶设计了弹动机关，比如比利可以通过机关出拳、吉米可以踢人等，这不光是当年的孩子喜闻乐见的设定，就连现在的玩友也会十分着迷吧！

▲ 虽然人物造型古拙，甚至有些丑陋，但漆面和触感极佳，颜色鲜艳，触感圆润、厚重，是老玩具特有的质感，十分吸引馆长。

◄ 部分人偶拥有可动机关，动起来显得十分滑稽，可在当年儿童手中这些可动机关都是非常厉害的存在。当近身格斗时，机关触发的攻击总能第一时间击中敌人！

了解Tyco早期玩具的藏友都知道，Tyco早期的玩具特别喜欢在一个系列中突出主要载具，什么好玩意都加在上面，所以《双截龙》的这辆跑车真的有超多机关。在当年，大量的弹射功能对于儿童来说还是有一定危险性的。《双截龙》游戏的武力等级应该也就是街斗级别，用得着这种"大规模杀伤性武器"吗？

▲ 馆长的这辆双龙跑车，由于管理不当，封面已经被晒得褪色了，可以说别有一番风味。

▲ 看似平平无奇的敞篷跑车，一旦开启暴走模式，不但车头有飞镖弹射、车顶有导弹伺候，就连侧身都有斩马刀！

▲ 兄弟二人坐上去后比例显得有些失调，人小车大，看起来并没有敞篷跑车潇洒，从吉米的表情就能看出车里的内饰并不舒服。

▲ 这一系列还配有两辆更符合街斗气质的摩托，分别是《双截龙》和最终反派的座驾，拥有隐蔽式弹射功能，坐上去朋克感极强，野性十足。

当我看到比利和吉米一同坐在这辆跑车上的时候，一种儿时的幸福感油然而生！虽然这一系列只是昙花一现，无论是动画还是电影，《双截龙》都没能在游戏以外获得成功，原开发商Technos也于1995年正式倒闭。虽然随后的几十年里不乏《双截龙》的复刻版与番外版，但对于我们来说，双截龙的时代已经结束。它虽然短暂，但这对兄弟给我们的童年带来了无限的向往，可能因为我们这一代多是独生子女，一直期望身边有一个吉米出现吧。那么，你可还记得当年和你一起玩《双截龙》游戏的兄弟现在在哪里吗？

家里的《双截龙》再精彩，也不如外面的街机房有吸引力。20世纪90年代初，街机房被父母冠以"不良少年人才市场"的头衔。进去见世面的我们用现在的流行语形容就是"又菜又爱玩"，从《名将》《快打旋风》到《三国志》，横版清关游戏往往是"菜鸟级"小学生的最爱（因为能多活一会儿）。而在这些清版过关游戏中，馆长最常玩的就是《恐龙快打》！

《恐龙快打》又叫《凯迪拉克与恐龙》，是1993年卡普空推出的街机游戏，酸爽的操作感与极具代入感的流程让它风靡全球！即便是小朋友也有机会一币通关。记得小时候大家都爱用黄帽，而我则特别钟情于女主角，对游戏的故事也十分好奇。

▲ 这是当年热门的美版机型，可以三个人畅玩，而20世纪90年代，国内几乎都是双打的通用机，很难看到这种机型。

▲ 这是我们熟悉的游戏界面，每次馆长都会选女主角汉娜，只为看她精致的妆容与矫健的身姿！

▲ 这是当年美版街机图册的影印品，标注了操作指南与各个反派，在我们儿时的游戏厅岁月里，这些可是看不到的新鲜玩意，对故事的剧情更是完全靠猜。

长大后，随着信息时代的到来，我终于了解到了《凯迪拉克与恐龙》的渊源。早在1987年，马克·舒尔茨创作了名为"Xenozoic Tales"的漫画，这就是《恐龙快打》的故事原型！世间流传着超多关于这部漫画的解读，更有传说早期这部作品非常暴力，我们在游戏中看到的只是冰山一角！

▲ 这个画面倒是经常看到。

▲ 馆长在节目中曾向大家展示最初漫画中的故事。

▲ 漫画中很多场景都在游戏中被还原。

◀ 漫画中的汉娜飒爽性感，很多画面并不适合给大家展示，但这一猎奇的内容在当年的美国大受欢迎。

◀ 游戏已经修改得趋向于全年龄段了，很多玩家可能不知道，儿时的红衣大汉迈斯在漫画中早早就领了"盒饭"，而且死状悲惨。

　　总的来说，这是一个末世基调的故事，当巨大的洪水退去，陆地变成了恐龙等史前生物的狩猎场，男主杰克与女主汉娜为了生存艰难地斗争着。而在史前世界，最可怕的依然是人。哦，原来我一直喜欢的大姐姐叫汉娜！

　　多年后，这个拗口的名字被改成了"凯迪拉克与恐龙"，原因很简单，多年前凯迪拉克是美国国民心目中的理想汽车，而随着同年《侏罗纪公园》电影的热映，使恐龙又成了最红、最具话题性的"明星"！二者碰撞，必火无疑！而馆长更关心的是《凯迪拉克与恐龙》的玩具，毕竟谁不想拥有性感迷人的汉娜玩具人偶呢？如果能让她乘上凯迪拉克在恐龙群中穿梭，那真是一件美事。

▲ 这一概念在当年实现了"1+1>2"的效果。

在对早期玩具调查的过程中，我们发现就在游戏大热的1993年，《凯迪拉克与恐龙》出了动画片！虽然动画中修改了很多设定，但《恐龙快打》的故事却延续了下来，尽管少了大汉迈斯、黄帽穆斯塔法也关掉了美颜，但杰克、汉娜与凯迪拉克却保留了下来。更值得庆幸的是，20世纪90年代中期的美国是不可能没有动画玩具的，终于还是有机会圆梦了。

◀《凯迪拉克与恐龙》貌似并没有被引进国内，完全儿童向的剧情让老一辈玩家很难接受大家最常用的"小黄帽"变成了"黄金黑小哥"，汉娜的画风也与游戏中的形象差异较大。

与《双截龙》一样，出品方依然是Tyco！这个始于1957年的玩具品牌在20世纪80年代末90年代初曾出品过大量当红IP的美系人偶，当年唯一的《凯迪拉克与恐龙》动画版人偶便出自这一品牌。而这一系列在当年却非常"奢侈"，总共出了六个人偶，却有九个载具！这也是当年极少数载具多于人偶的系列。而这一古早的玩具题材因流通性很有限，并没有被引进国内，所以几乎很难在国内购物平台上找到保存完好的当年出品的正版人偶，即便在海外的二手平台上也并不像同期那些著名IP的周边那么常见！

▲ 当年玩具的电视广告。

▲ 广告中男主杰克与反派头子势不两立。

但馆长还是有幸以很低的价格收到了杰克和汉娜玩具，只是邮费比玩具还贵。我还收藏了一些载具，包括极具代表性的凯迪拉克。

◀ 当馆长在节目中展示玩具时，很多老迷友表示，这个汉娜不能说不像，只能说和动画毫无关系。

汉娜的刻画和馆长印象中的出入太大，你说这是《古墓丽影》中的角色我也会相信的，包装保留着20世纪90年代挂卡的传统配置，人物立绘和主体配件一目了然，配件还原的是动画中汉娜的武器。背面必须要有人物卡和其他产品的介绍，方便你"入坑"！难能可贵的是，其背面居然还有这一IP的发展史。

▲ 玩具挂卡的背面则是 20 世纪 80 年代和 90 年代传统的配置。

▲ 拆开包装后的汉娜手持动画里的标志性武器，越看它我就觉得离回忆中的汉娜越遥远，只有扎在胸前的超短衬衣还算还原。

▲ 在人偶玩法方面并不像《双截龙》玩具那么多的机关，可动设计也与 Kenner 星战时期的一致，位于头、两条大臂、两条大腿处。可以说，在 20 世纪 90 年代，这样的设计让玩家和藏友们非常失望了。所以馆长只收藏了两位主角，只为还原他们当年在凯迪拉克上的风采。

小型载具其实并没有太多亮点，毕竟它们没有在游戏中出现过，对于我们来说也就少了收藏的欲望，但这些小型载具是非常好入手的。

◀ 小型载具的价格很低，在国内二手平台能淘到，100 元～200 元。光看图片完全想象不到它们和儿时看过的《恐龙快打》有什么联系。

▲ 它是标准的废土朋克匪车造型，不知道为什么颜色竟这么可爱，配上火星鼠、忍者神龟的人偶也很合适。在 20 世纪 90 年代，无论是人偶还是载具，都需要有弹射功能。

▲ 这个滑翔机则具备了抓取投弹的功能，开关就是背部的红色按钮。这个造型虽然设计得酷似翼龙，但过于简单，人物坐上去非常违和，在馆长 20 世纪 80 年代和 90 年代的收藏中算是比较难看的空中载具。

最值回票价的应该还是这辆改装的凯迪拉克（故事中的杰克是一位车辆改装高手）！原作中还原的是1955年凯迪拉克75系车型，分为重型和轻型。

而唯一的遗憾是，车型颜色还原的是动画版的红色，而不是游戏中的银色。

▲ 游戏中横冲直撞的银色凯迪拉克。

但超多的机关与弹射装置完美地还原了20世纪90年代早期玩具的特点。车前配有导弹弹射，车尾机关中还有撒网器弹射，即便是我这种老男孩，也能玩得不亦乐乎。

◄凯迪拉克的包装和车体还是很吸引人的，电镀的车脸、加载的各种作战设备有一种特有的浪漫。但它也是相对昂贵的一款载具，馆长这套全新未拆品的品相极佳，是近几年以2000元购得的，但是在节目中已经拆封展示了，它的价值便也大打折扣了。

▲ 车头有两处导弹弹射，车尾则有一处撒网器弹射，在当年可以说是改装车里的佼佼者了，毕竟是要应对恐龙的，但它还是敞篷设计，真是凶猛中不失优雅，太有趣了。

▲ 将男女主角的人偶摆放进去，毫不违和，你是不是也有想坐进去的冲动呢？

　　最终，馆长还是圆了让汉娜乘上凯迪拉克在恐龙群中穿梭的梦想！这便是玩具的魅力了！在回忆中飞驰吧，儿时的《恐龙快打》！

20

朝圣之旅！

去新西兰 Weta 工作室

又是一篇『读万卷书不如行万里路』的游记，这次我们的模玩之旅锁定几乎没有模玩店的新西兰。

提到新西兰,很多人都会想到广阔的森林牧场和狂热的毛利战舞等。很多华人对新西兰并不陌生,因为在馆长那个年代,去新西兰留学是很多人的选择,当年听去留学的朋友说那里简直如同仙境一般,让馆长羡慕不已。直到2018年,馆长忽然决定去这个以自然风光闻名的国度看看当地的模玩文化!

新西兰主要由北岛与南岛构成,还有一些零星岛屿,此次馆长的探寻范围以北岛为主,落地新西兰最大城市——奥克兰,一路自驾驶向其首都惠灵顿,因为惠灵顿有一个神秘的地方,吸引着无数ACG爱好者!新西兰在大洋洲属于温带海洋性气候,啥是温带海洋性气候?就是舒服!就是惬意!四季温差不大,早晚温差还行。但是这里与咱们北半球的季节正好相反,要来的朋友要做好准备。新西兰的华人很多。人们的生活还是十分惬意的,贫富差距看着不大,幸福指数很高,不过馆长也没时间深入广大群众中去了解民情了,我马上要进行一场神秘的"朝圣之旅"!不过,当你带着家人的时候,朝圣之旅也就不会那么纯粹了。

▲ 先来体验一下新西兰人民的日常娱乐生活。

▶ 奥克兰的码头最能体现出这个城市轻松的氛围，街头表演随处可见，行人高兴地翻个跟头也不会有人觉得怪异。

▲ 这是在新西兰的饮食，让我印象最深的是海边的快餐——炸鱼和薯条，是初中英文教科书中讲过的标准的国外餐饮。虽然当地的食物并没什么特别之处，但是用餐环境一个比一个好，还有著名网红店——麦当劳飞机餐厅。

▶ 当然，想吃中餐也很容易。

◀ 蔬菜很贵，被摆成一副吃不起的样子，只有猕猴桃非常便宜。

这一路几乎没有任何模玩商店，当地居民似乎对模玩丝毫不感兴趣。

▲ 其实也并不是完全没有模玩店，在一些二手杂货铺还是能淘到有趣的东西！大部分新西兰人对老玩具的市价没概念。

◀ 这种二手商店往往和二手书店一起开在城郊以外和高速公路休息站附近，非常有趣且解乏，让你的路途充满惊喜。

　　沿途也会有很多有趣的人文景观，在经过陶波的时候，我们正巧还赶上了复古跑车集会，也许这种集会对于休闲的本地人来说非常常见，对游客来说却是个小惊喜。能在大洋洲看到复古汽车文化如此盛行是我没想到的，而且在新西兰交易二手车很方便，车也很便宜，看得我格外眼馋。

▲ 这里有各种馆长不懂的车型，多希望它们能变成可以被我买走的模型啊！

▲ 这一家人就这么喜提福特野马了，比我买个车模还从容。

　　一路南下，罗陀鲁瓦是新西兰毛利族最大的聚居地，也有着北岛最具特色的自然风光！在罗陀鲁瓦附近，我们经过了一些地质公园，其中一个叫"地狱之门"的地热公园让我比较难忘，原来这里有一座火山，四处弥漫着硫黄的恶臭，石头被熔成泥浆在地下翻滚，湖泊呈现出绿色，植物也生长得十分邪恶。天黑前必须闭园，相信夜晚来逛的人一定在世上没什么牵挂吧！

▲ 湖水中泛起滚滚烟气，好像随时会有怪物一飞冲天！

▲ 这个石穴被称为"地狱之门"！下面极深的洞穴里翻滚着地热熔化的石浆，发出如恶魔呼啸般的声音。这要是在晚上，能把人吓死。

▲ 绿色的湖泊里含有丰富的硫黄，宛如恶魔之血。

▲ 原来欧洲中世纪女巫居住的森林都是有原型的啊！连树木都生长得异常邪恶，赶紧离开这里！

　　到了罗陀鲁瓦一定还要去一个地方，再往南开几十千米便来到了国人最熟悉的景点——电影《指环王》《霍比特人》的取景地霍比特村，这里反而并没有给我强烈的沉浸感，不过的确是一个拍照的好地方。有趣的是，和我们一同进村的是一个国内的旅行团，旅行团的阿姨们挥舞着丝巾，用民族风"入侵"了中土世界，这是一次非常有趣的体验。

▲ 坐着观光车初到霍比特村时你会非常新奇，但下车走上一会儿，你会感到视觉和肢体都疲劳了。

▲ 这里有广袤雄壮的田野，也有小桥流水，无不滋养着关于中土世界的奇幻灵感。

▲ 这种建筑在晚上看还挺吓人的，白天看其实也不过如此。

▲ 通过对比，你可以看出霍比特村民的装修风格极其接近。拍照时也要选对模特、选对服装、选对角度，不然拍出的就是《乡村爱情故事》的后续——《乡村留守儿童》。

▲ 熊大在霍比特村过了生日，太值得纪念了。

▲ 惠灵顿人很少，艺术气息浓郁，城市也非常干净。

看到这里，我们很难想象在新西兰这样自然风光独特、民风粗犷的国度会有什么模玩文化。这样想你就错了，从眼前的武器文化到极具设计感的复古车，再到奇异壮丽的自然风光，这些无不滋养着人们对科幻与奇幻的设计灵感！在我们的终点站惠灵顿就有着一个被模玩圈视为圣地的地方——Weta工作室（Weta Workshop，即维塔工作室，一家全球领先的视觉效果公司）！

提起Weta工作室，大家可能并不熟悉，但要说起《指环王》《金刚》《阿凡达》《攻壳机动队》等那便是无人不知无人不晓了，由理查德·泰勒与《指环王》的导演彼得·杰克逊创办的Weta工作室负责电影概念设计、雕塑及道具特效。这里的很多作品也作为通贩产品售卖，所以能来Weta工作室参观是每一个爱好者的梦想。

▲ 如果你自己驱车来，很难相信这个山坡上平平无奇的社区就是世界著名的 Weta 之家所在地，连个人影都没有，一旦你在一个十字路口转角看到有人拍照了，那就是"转角遇到爱"了。

Weta工作室可参观的部分被称为"Weta之家"，坐落在一个山坡上，外面看上去非常不起眼，周围居然还有居民，一度让自驾的馆长以为自己开错了方向，但走近门口，便有一股浓厚的中土气息扑面而来。外国人特别喜欢在门口放标志性的塑像，多是作品中设计得较为经典的人物，倒不一定是主角。

▲ 门口的三个食人妖让我觉得还没走出霍比特村。

走进Weta之家，迎面而来的便是售卖区，这个设计很直接！一般游乐园都是先体验项目、参观展品，等你玩得上头了，已经捂不住钱包了，才在出口处设置一个纪念品商店让你消费完赶紧走，不要后悔。这里的设计足见新西兰人民粗犷的胸襟。Weta工作室出品的模玩摆件品种很多，大到雕塑、道具，小到人偶、战棋，让人目不暇接，我作为狂热的玩具收藏者大呼过瘾。而游客们还是大多会选胸针、钥匙扣这类纪念品，估计是送人吧。通过近距离观察Weta工作室的雕像产品实物，我发现很多也并没有达到电影道具级别，制作与涂装质量良莠不齐。

◀一进门，我竟感受到了祖国的强大！

▲ 进门的两个展示物直接震撼了馆长，进去细看，还有更多的震撼！

◀ 以我爸为代表的"圈外"游客有着浓烈的购物欲望，对他们而言，这太新奇了，但购买的产品仅限于胸针、钥匙扣、马克杯等小纪念品。

▲ Weta 工作室还注重教育，有不少给青少年艺术教学用的商品。

▲ 各种 T 恤。

◀ 惠灵顿确实是"艺术之乡"，Weta 工作室的版画十分畅销。

▲ 售卖区的商品以《指环王》和《霍比特人》的周边为主，馆长至今仍对兽人的破门锤念念不忘。

▲ 有些商品会给你一种在西安的路边摊儿买兵马俑玩具、在无锡的公园买泥人的感觉。

▲《攻壳特工队》的商品实物的细节非常一般，价格有点虚高了。

◀ 这是我们熟悉的魔兽，当时我有购买的冲动，可是爱人一直在身边，不好下手。

▲ 有趣的是，你在 Weta 之家的售卖区能看到很多国内代理得很少的东西，很多道具和棋子类商品，馆长还是第一次见到。

▲ 从你走进 Weta 之家的那一刻，你要时刻关注头顶和角落里一些不起眼的地方，随处都有惊喜，或者惊吓。

▲ 墙壁上的角落里随处可见的细节！

　　展厅共分为两个部分——设计作品展示区和工作区。一部分设计作品是可以展出的，在这里我们看到了很多熟悉的道具，瞬间把我们拉回到熟悉的剧情当中。即便是没看过影视作品的游客，也被眼前精美且充满想象力的展品震撼。展厅中还有艺术家为我们讲解道具与雕像的设计与制作，我听得很仔细，就是没听懂。

▲ 一进展区，迎面而来的中古世界之墙就会深深震撼你！只恨当年馆长的设备落后，加上展区灯光昏暗，没能留下清晰的照片留念。

▲ 展区的展品明显高端了不少，第九区的设计一直深受模玩圈的追捧！

▲ 在展区中，你可以看到所有 Weta 工作室参与过的影视作品道具模型，对于模玩爱好者和影迷来说，实在是太过瘾了！

▲ 在展区里，你要随时做好准备，也许会被你身后或正上方逼真的雕像突然吓一跳！

▲ 展区的老师傅正在讲解影视模型道具的制作流程，馆长热情地与他互动。世界顶级工作室的顶级匠人没有一点架子，和公园摆摊儿捏糖人儿的大爷似的，特别热情。但凡我的英语好一点，也能从他那里学点东西。

　　再深入就是严禁拍摄的工作区了，里面是一些工作场景、机密展品、制作半成品和一些正在研发的内容。总的来说，流程比较短，但对于模玩爱好者、雕像爱好者，甚至 ACG 爱好者来说非常过瘾。临走前，馆长还是照顾了一下生意，买了一些手办摆件。朝圣之旅，至此结束。

▲ 朝圣之旅持续了七天，馆长在 Weta 之家带回的玩具仅此一件。

▲ 借此机会放一张全家福吧，怀念一下这次朝圣之旅，各位玩具爱好者们，你们是否体验到了玩具之外的乐趣？

　　四年过去了，如今回想起来仍然兴奋不已，但更令馆长兴奋的是，今天的Weta工作室已经有大量华人艺术家起着主导作用，国内很多一线的雕像大品牌及GK工作室在雕像产品的设计与制作上也有着与之比肩的能力！也许在不久的将来，也会有海外的朋友来瞻仰我们的模玩艺术圣地吧，未来可期！

21 飞升！
中国硅胶雕像

硅胶人物雕像作为一种新的工艺走进了大众的视野，它极具代表性，今天我们将会看到它在国内的发展历程和创作者们从前美好的收藏时光！

很多资深的迷友都说，"模玩的最终归宿，就是雕像"。我虽然不完全认同，但我的收藏之路也经历过这个阶段，我明白这句话的意思，它并不是说雕像凭借高昂的价格成为玩具中最高档次的收藏，而是说一个模型玩具，最终是要睹物思情，优秀的雕像作品则可以完美地留住最值得纪念的一瞬间。

随着人们生活水平的提高，国内的玩具市场逐渐扩大，最明显的就是热衷玩具雕像的收藏者越来越多，从几百块的GK雕像到大几万元人民币的1:1等身作品，国人玩家无不彰显着消费大国的气魄。老话说得好："重赏之下，必有勇夫！"市场的需求在国内催生出众多的玩具雕像品牌与工作室，他们的题材选择、设计能力、工艺水平、质控效果，馆长不好一一评价。新玩家入场，品牌都认不出几个，哪会管收藏价值，有一个自己喜欢的人物摆在桌上，彰显一下品位和人设就够了，最重要的是这些产品很便宜啊！

这些便宜货让玩家们喜闻乐见，而业内则是乱象丛生，这对一个行业的发展无异于杀鸡取卵。但非常有趣的是，国内作者们的原创力并没有遭到破坏，工艺水平还在不断进步。其实没有必要去和国外的品牌对比工艺水平，因为世界上各国品牌的大部分玩具雕像都是在我国东莞和惠州一带生产的，您手里最引以为傲的国际限量款说不定就出自其中。

而近几年，一种新的工艺逐渐走进大众的视野，那就是硅胶人物雕像，它是众多玩具雕像中的一个形式，极具代表性，下面将呈现它在国内的发展历程，也会展现它的创作者们从前的美好收藏时光。

初见

硅胶雕像，凭借任何材料都无法比拟的人像感官和精湛的仿真细节，一下成为全球关注度超高的人物雕像顶级货。而以版权硅胶雕像闻名的却是一些咱们中国的品牌！馆长第一次接触硅胶雕像是在2018年的上海漫控潮流博览会上，第一次看到Queen Studio展台上的陈列，当时围了好多的迷友打卡合影，凑近后才发现，邪神洛基真的太逼真了，远超馆长之前见过的任何蜡像作品，尤其是1:1这种充满磁场的比例，当你近距离地观察时会有一种从未有过的冲动。馆长当时还得意地cosplay了一名铁血战士，没想到在还原度上居然输给了玩具。

▲ 馆长第一次接触硅胶雕像，照片中后面的铁血战士正是在下，当时在现场的风头完全输给了前面的洛基。

▲ 你能从这张照片中判断出他是真人还是玩具吗？

　　Queen Studio的总部在杭州，是地道的国产雕像模型厂家，国内很多迷友第一次见到硅胶雕像就是通过Queen Studio。今天它已经拥有了众多雕像、兵人、潮流玩具产品线，常常在圈内引起热议，是一个极具影响力和雄心的工作室，希望他们未来能给我们带来更多优秀的作品。

▲ 当年给馆长印象最深刻的作品就是这尊小丑，让馆长第一次知道雕像背后也可以别有洞天。它通过对人像、底座和背面的刻画，让一个静态作品完美地阐述了一个故事，这就是雕像的魅力。

◀ Queen Studio 工作室拥有很多 1:1 的作品，这个反浩克机甲是售卖品，价格自然不是我们普通玩家能够接受的，馆长也只能拍张合影。

Queen Studio的作品实在太让人眼馋，让人想要拥有，但馆长第一次零距离把玩1∶1硅胶雕像这种高级货，还是通过另一个品牌——开天工作室。并不是因为这家的硅胶雕像便宜得我能买得起，而是因为开天工作室的老板是我交往多年的好哥们儿。

大鱼与开天

注意看，这个人叫于广来，20世纪80年代生人，江湖花名"AKA大鱼"！玩家出身，下过基层，上过央视，办公开会的时候很"霸总"，玩起收藏来和我们普通胶佬一个德行，很合得来。他知道我要写书，说可以采访他，一开始可能是想给自己的品牌做做广告，但说着说着就变成了童年回忆，忆苦思甜。那么咱们就看看中国顶级玩具品牌的老板跟我们"80后""90后"是不是共享同一个童年？

他原话是这么说的："我三四岁上小学的时候就看《变形金刚》了！"晚上只要做梦就是变形金刚，在他的记忆中，比他还高的玩具柜台是他挥之不去的"初恋"，印象最深的是一个绿色坦克和G1擎天柱。当年大鱼的父亲很早就下海开出租车了，不同于今天的滴滴师傅，在他的回忆中，家里是很有钱的，估计当年是父亲给他拿下了G1擎天柱。这个起点很高，后面能当"霸总"也就不足为奇了。

◀ 大鱼，开天工作室的创始人。

▲ 大鱼儿时的变形金刚——G1 擎天柱。

▲ G2 中的威震天应该是他反复提到的绿坦克。

2004年，在上海的大鱼成长为一个大四学生，他最喜欢逛的就是都市风情街。都市风情街是一个地下室，里面"窝藏"的都是玩具厂商，并没有什么"风情"，现在已经被改建成了停车库。而当年的大鱼却在那里找到了儿时"初恋"的感觉，常常流连于几家兵人店，看着那些精致的1∶6兵人。买不起兵人的大鱼萌生了赚钱的想法，这一刻，他从一个无所事事的少年成长为一个用劳动体现价值的男人，不知道在哪儿擦了个把月盘子，他终于攒够钱，买了人生中第一个兵人1∶6教父。你还记得自己长大后攒钱买的第一个玩具吗？

◀ 大鱼回坑的第一款收藏——ENTERBAY 1∶6 教父人偶，现在看当年的技术已经有些落后，但还有怀旧的玩家珍藏。

从2009年开始，大鱼有了自己的事业——做游戏！当时的游戏行业门槛高但市场很好，我猜他应该是赚到钱了，因为他"入坑"了乐高，收的都是死星、ATAT这类UCS（Ultimate Collector Series，终极收藏家系列）大件。UCS是比较复杂难拼的积木系列，价格往往被炒得很高。他用那种很不情愿的表情说自己都收齐了，但是工作忙加上颈椎不太好，他就花重金雇人拼他的乐高！聊到这里，一般迷友应该不想和他聊下去了，有钱人的生活确实枯燥，但是他说当看着他雇的人拼自己的乐高时，他感到很幸福。

▲ 大鱼办公室里的星战 LEGO，这只是"冰山一角"。

再后来，他在逛玩具店时听说这个世界上还有一种玩具叫雕像，宝丽石材质，非常昂贵，他觉得应该见识一下，至少应该买一个摆在桌子上彰显一下身份。当时的玩具购买渠道主要是淘宝，大鱼在淘宝上第一次认识了Sideshow——一个全球最著名的雕像品牌+平台！他很快找到了组织，入手的第一款是钢铁侠MK6胸像，之后一发不可收。对于Sideshow的雕像，只要喜欢，他就会想方设法买到，而且都要坚持到玩具店里自提，倒不是为了验货，他说这样才有小时候买玩具的感觉。在这十几年收藏的Sideshow雕像作品中，大鱼和馆长最喜欢的居然是同一款——1:3 LSF独狼铁血战士雕像。但我和他的区别是，他愿意花很多时间和精力去等待、研究；而我，根本买不起。

▲ 大鱼早期的公司里堆满了他的个人收藏，面对"霸总"的大型雕像，员工无法偷偷搬走，应该是敢怒而不敢言的。

▲ 这就是我和大鱼都给予超高评价的 Sideshow 1：3 LSF 独狼铁血战士雕像，相信很多雕像老玩家都很熟悉，当年馆长为它可是攒了很久的钱，但阴差阳错至今未能收藏。

十多年前，大众的玩具雕像题材比较狭窄，基本范围还是框在欧美的影视与动漫作品中，品牌也并不多，短短几年，一些经典的老物很快就被大鱼收齐了。聊到这里，他拍了拍大腿，很痛苦地说："我空虚啊！"听到这里我心中酸溜溜的，并没有接茬儿，然后他说："这么些好东西，咋没有中国的呢？"

　　2014年，大鱼和几个好友成立了开天工作室，他们的目标简单而激昂，那就是"为中国人塑像"！很快，一次机缘之下，以三国为题材的第一款作品——"赵云"诞生了！

▲ 当年为国内某知名游戏开发的三国人物赵云的周边成为开天工作室的开山之作，图为大鱼团队为国人所塑的第一款雕像。当时在 ACG 圈子的玩具雕像市场上少有国内的文化产品，当年它凭借不输国外作品的做工获得了很高的关注度。

▲ 几年间，经过不断的打磨，"五虎上将"已经出齐，全部收齐的藏家不少，馆长最喜欢的是张飞。

▼ 开天工作室罗其胜老师的作品，是以中国传统文化古典美学为根基的玩具雕像创作，在我看来，用立体的作品展现出平面的美感非常酷，强烈推荐，这是不是比很多舶来品的动漫作品更具有灵魂？随着大家品位的提升，相信未来的市场上一定会有更多年轻的迷友收藏我们国人特有的艺术周边！

大鱼的故事是一个国产品牌的开始，开天也是最早创作硅胶人物雕像的工作室之一，它家的雕像中，馆长第一次近距离接触的就是1:1的李小龙。

馆长也曾游历过各地顶级蜡像馆，蜡像还是无法和硅胶雕像这种新兴的产品相比，满头的植发、铂金高级硅胶制作的肌肤，加上细腻的永久性涂装，手感与视觉都极其逼真。皮肤下手术般精细地埋着一根根胡茬儿，眼球采用的也是医学义眼。我拿到作品的第一感觉就是无所不用其极地来纪念这位巨星，于是我把它拍成了视频，狠狠地赚了一波流量。

▲ 第一次"亲密接触"还是要感谢大鱼，从样品阶段，馆长就见证了硅胶雕像的神奇。据说李小龙的样品是用开天另一位创始人朱佳麒老师的头发做的植发尝试，足见团队对这款产品的重视与热爱。

▲ 你能相信眼前的照片是一个售卖中的玩具雕像吗？通过面部可以充分感受铂金硅胶带来的史无前例的肌肤质感，每一根胡茬儿、每一根眉毛和每一根头发都彰显着一种匠心精神。

▲ 虽然眼球使用的是还原度最高的医用义眼，但眼神的表现则需要材料之外的高超技巧和美术经验。

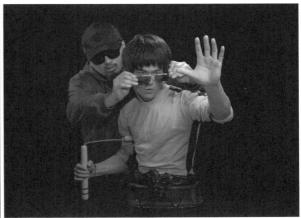

▲ 谁说 1:1 硅胶雕像不能玩？

▲ 相信每一个男孩子都梦想着有一天能和李小龙击掌吧。

　　后来一段时间，我对这种技术和作品十分痴迷，仗着我和老板的关系，我免费体验了很多开天的硅胶人像作品，只要适当打理，就可以逼真地还原出角色最经典的一面。如果收藏一个在家里，对影迷粉丝来说，应该是终极收藏了吧。

◄ 神奇女侠是早期最受欢迎的产品，据说海外大量的订单涌入，大大延长了工期。

◄ DC 英雄海王是让馆长印象深刻的作品，近距离观察确实会有一种极其强烈的压迫感。

▲ 这也是馆长玩过的最重的雕像，重达几百斤，一个成年男子很难抱起来，想要入手的迷友望周知。

◄ 海后湄拉可以说是早期 DC 英雄系列中最漂亮的女性作品，无奈，由于该演员与其丈夫的婚姻官司闹剧，该作品在海外销售惨淡。

◀ 小丑女是这一系列的巅峰之作，开箱这款硅胶雕像的视频节目也为馆长带来了不少流量。这款作品精细的配件非常多，从首饰武装到兵器，经常打理才能保持她的巅峰状态。

▶ 希斯·莱杰饰演的小丑依然是众多影迷的最爱！这款作品拍照非常上像。

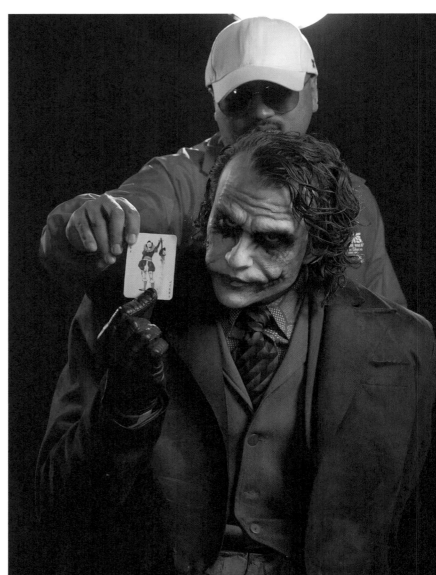

◀ 这些作品都是有数据支持的 1:1 高度还原演员饰演的角色的。只有和他们站在一起，你才发现原来你和荧幕中演员的头身比例有着巨大的差距。

再后来，独自欣赏和拍照已经满足不了我的精神需求，就好像小时候你有新的玩具，一定要带到院里向别的小朋友嘚瑟，而嘚瑟的尺度是很难拿捏的，既要引起围观，又不能太主动，很需要技巧。而现在的玩具雕像就可以很轻松实现，在出街整活方面，馆长自认为在玩具圈算是社牛之一，自然也收获了大量的关注。

▲ 带李小龙出街！你能看得出副驾位置坐的是玩具雕像吗？

◄ 带小丑女出街，这是群众最喜闻乐见的项目，大部分路人以为这是真人在 cosplay，只敢远远拍照，但也不乏一些非常主动的影迷，近距离如痴如醉地欣赏着。

▲ 带小丑出街可以说是我出街史上浓墨重彩的一笔，把雕像放在轮椅上并铺垫好填充过的裤子，再拿上道具，所有的路人都以为我们是街头卖唱组合。

▶ 沿途的行人只有上前合影时才会发现"被骗了"，这种形式的视频也逐渐使我这个模玩 up 主变成了观众口中的"行为艺术家"。艺术不艺术我不知道，但我的行为让更多的人了解到模玩的乐趣，让更多的国人知道现在最牛的硅胶雕像是我们中国人制作的！

有些好奇的路人会过来合影，摸来摸去，还会不停地问："这是什么做的呀？怎么做的呢？"这一下还真把我问住了。树脂与石膏雕像的做法还好理解，硅胶人像的制法确实非常神秘，一般人很难参透怎么能做得这么惟妙惟肖。好在这些顶级作品的作者之一是我的好哥们儿，"近水楼台先得月"，我决定在这本书中透露一些商业机密！

"表哥"

▲ "表哥"近照（右）。

"表哥"，中国硅胶雕像圈里最著名的玩具设计师和制作人之一，他并不是我的表哥，而是我的朋友，可能是人比较和蔼，身边朋友都这么叫他，能从事今天这个事业纯属是源于从小到大的爱好。

　　他的童年和很多"80后"一样，该看的都看过，该喜欢的都喜欢，该买不起的也是每一样都买不起。打小特喜欢《特种部队》、小兵人，还喜欢一种叫"星际开拓者"的组合玩具，这是儿时非常冷门的玩具，他实在记不得名字了。通过简单的描述，馆长用玩具人专业的知识储备为他找回了童年，他感动不已，决定将自己的收藏经历与大家分享。

◀《星际开拓者》，20 世纪 80 年代末 90 年代初在国内流行过一阵，因为通用的插口可以随意拼搭出各种工程和作战载具，有点像早期的戴亚克隆，深受小朋友喜欢。只是它没有 IP 支持，也没有后续产品，很快被遗忘在了玩具世界的舞台上，20 世纪 80 年代和 90 年代，这样的玩具还有很多，你还有印象吗？

　　2005年，"表哥"刚刚踏入社会，能自己赚钱了，第一件事就是淘玩具。当时在北京，他最常去的就是鼓楼，平时关注的平台也是ACTOYS，当时要买什么二手玩意儿，还要去淘宝。他收藏的第一个玩具就是李小龙，这也为他后来制作硅胶李小龙埋下了伏笔。他印象最深的是2005年入手的第一个包胶素体兵人——威龙《雷霆战警》中的藤原纪香。

◀ 当年的李小龙玩具映射出当年玩家包容的心态和"表哥"钱包的窘迫。

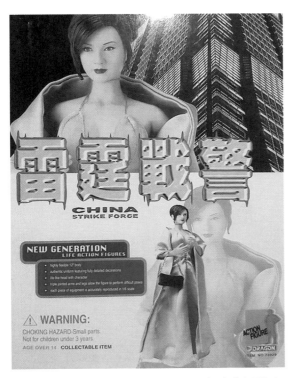

▲ 威龙出品的《雷霆战警》藤原纪香玩偶让"表哥"扛下了压力，掏空了钱包，决心潜心研究包胶素体。

▲ 可以想象他是多么喜欢包胶素体或是藤原纪香，但是玩具拿到手之后，他沉默了，这可能是他立志成为硅胶玩具设计师的原动力吧。

　　"表哥"是学美术出身，动手能力又强，这样的人一般都爱玩美系人偶玩具，因为美系的东西底子好又够粗糙，改造空间非常大。"表哥"平时又是个爱嘚瑟的人，经常收一个就重涂一个，然后把作品发到贴吧里，享受着网友们惊呼大神的快感。2016年左右，一款他亲手改造的终结者胸像在贴吧里火了，植发重涂在当时是比较高端的技艺，这也给了"表哥"极大的创作信心。

▶ 这是他入手的阿诺德·施瓦辛格雕像原型。

▲ 从补建到制成油泥再到固化植发的过程，他将教学发到了网上，享受着网友们的催更。

▲ 最终成为当年网上爆红的个人作品。从"表哥"的衣着装扮，可以判断他的成功除了手头上的技术，还有对《终结者》执着的热爱。

　　2018年，"表哥"正式成为职业玩具设计师，开天的DC英雄系列中的海王是他的第一个作品，"表哥"主创的作品中最让他满意的是李小龙和猫女。馆长问及硅胶人像的制法流程，"表哥"也大大方方地传授于我。和很多商业玩具雕像一样，第一步都是数字建模，版权雕像的授权方往往会提供演员角色的一些数字信息，达到标准并符合作者的要求后才能确认尺寸，进行打印。3D打印在当下已经越来越普及，馆长就不赘述了。3D打印件最终会被制成可以精雕的油泥，作者会在这一步进行手工调整，主要是对眼神、细节的微调；然后进入上色和植发的环节，这些都是非常重要的手工环节；再上妆，放进烤箱，固化颜色；最后，生动的硅胶雕像就诞生了！

TERMINATOR
DARK FATE

INFINITY   AZURE SEA

◄ 如今"表哥"作为职业玩具
设计师依然参与终结者的创
作，作者从业余手艺人到一线
设计师，作品从斗志昂扬到英
雄迟暮，这一路走来别有一番
滋味吧。

◄ 但不得不说，"表哥"的技
艺是真有长进啊！

THE DARK KNIGHT

TRILOGY

▲ 猫女也是"表哥"非常受欢迎的作品之一，走近看，我才知道原来猫女的扮演者安妮·海瑟薇的头围可能只有我的一半。

不光1：1硅胶人像，其他比例的人像也一样精彩。"表哥"和我有一个共同的看法，小比例的硅胶玩具更有"玩"的味道，更有玩具的感觉。一些海外品牌虽然在这一领域已经立足，但在我执笔之时，正有一批国产精品处在赶制阶段，相信不久上市后更会给国人玩家一剂强心剂，让我们拭目以待吧。

▲ 开天的指环王系列人偶雕像采用的是 1：2 的比例，馆长有幸见过实物，细节丝毫不输 1：1 人物。全身像反而能展现更多的张力和细节，硅胶的制法仍然给人栩栩如生的质感，身上的每一块衣料都采用最具还原性的材质。走到雕像身边，从材质的气味就可以感受到这个来自中古世界的精灵带给你的真实感。

▲ 这尊 1∶2 比例的甘道夫玩偶是目前馆长最期待的新品，因为亲眼见证过样品实物，只说一个细节就能让你感受到它带来的震撼——他们把这个张嘴怒喝的老人口中牙齿内侧发黄的牙垢也做了出来。

从小我们读过的神话中，只有天神才能如此精妙地"造人"，而今天的国人的技法已经巧夺天工。传说中众神造人后给予人类最美好的事物就是希望，有了希望，人将不再迷茫。而被人造出的玩具，也给了迷友希望，它们不断涌现，不断革新，丰富着我们的物质追求，也丰富着我们的精神世界，期待着未来收藏的模样。

最后

"表哥"相信未来的玩具雕像在神形兼备的基础上，一定会有更多的装置、更多的互动设计，给予玩家更多的感官体验，这一点馆长相信不久的将来我们一定能够看到，这里也希望他未来可以带给我们更多优秀的作品！

大鱼则相信未来的玩具雕像或玩具作品会越来越私人化。我们也都看到了，随着3D打印技术的不断提升，3D打印民用化就在不久的将来，到时人人都可以创作玩具、售卖自己的作品。到那时，我们可能需要的是一个更加垂直的平台，在上面交易作品、交流灵感、交换童年。

而我相信，未来的玩具如何变化并不重要，重要的是未来的你。我们今天看到的，是无论什么样的收藏大神和创作大咖，都和我们有着相近的童年、相似的执念，只是我们有的人随着生活的忙碌慢慢地忘却了这份浪漫。其实一切念想、喜爱、欲望都源于心，是睹物思情，是盘物养心。无论它是刻骨铭心的童年回忆，还是眼前一亮的收藏目标，也无论它是大的雕像，还是小的人偶，只要你有心，就都装得下它。有更平和的心，有更包容的心，有更期待的心，希望这就是未来的你，一个出类拔萃的中国玩具设计师、一个内心丰富的玩具收藏者，那样我将万分欣慰。

后记
POSTSCRIPT

写完啦!

终于写完了!历时两年,这两年又改了不少,因为我并不是按照顺序编写的。大家会看到很多看似新闻的内容实际上已经过去了两年,也会看到很多推荐新品其实也已经成了老物,但是没变的是我们的收藏之心、童年之梦和喜爱之情。这里还是再强调一下,馆长并不是最强的收藏大咖,国内比馆长资深的藏家大有人在,所以我没办法做到面面俱到,只能记录一路的所见、所

感、所收藏。就像我们的节目一样,我更希望这本书是一个桥梁,能够架起你和回忆的纽带,通向玩具的彼岸。

会有一些热心的迷友提出疑问,这童年也没补全啊,奥特曼的软胶呢?龙珠的景品呢?假面骑士的变身器呢?还有希曼和希瑞!《恐龙特急克塞号》不会没看过吧?《灌篮高手》当年没有玩具?儿时的特种

部队大战眼镜蛇呢!真实系最强机甲作品装甲骑兵呢?《神力无敌》没有排面?《星球大战》可有当年最畅销的玩具周边啊!异形大战铁血战士!第一滴血与终结者!百变雄狮与百兽王!等等。那么我只能用节目中的结束语来回答了——"哟!欢迎来到玩大的博物馆!我是童馆长。我们下期,再见!"

图片来源

1.　动画《变形金刚》，1984年，美国

2.　动画《战国魔神豪将军》，1981年，日本

3.　动画《变形金刚: 头领战士》，1987年，日本

4.　动画《变形金刚: 超能勇士》，1986年，美国

5.　游戏《上尉密令》，1991年，美国/日本

6.　电影《美国队长》，1944年，美国

7.　电影《当幸福来敲门》，2006年，美国

8.　动画《布雷斯塔警长》，1987年，美国

9.　动画《忍者神龟》，1987年，美国

10.　电影《忍者神龟》，1993年，美国

11.　动画《忍者神龟》，2003年，美国

12.　动画《忍者神龟》，2012年，美国

13.　动画《圣斗士星矢》，1986年，日本

14.　动画《天空战记》，1989年，日本

15.　动画《魔神坛斗士》，1988年，日本

16.　动画《太空堡垒》，1985年，美国/日本

17.　动画《宇宙骑士铁甲人》，1975年，日本

18.　动画《宇宙骑士》，1992年，日本